세상에 하나밖에 없는 나만의 수학일기
이렇게도 수학의 매력에 빠져 살 수 있구나!

데일리 수학

Daily Math

김정현 지음

저자 **김 정 현**

약력
2013.03.~2019.02. 단국대학교 자연과학대학 수학과 (이학사)
2019.03.~ 단국대학교 교육대학원 교육학과 수학교육전공 (교육학석사과정)

수상이력
2009.12. 대전광역시교육청 교육감 표창(올해의 봉사활동 우수 학생 표창)
2012.08. 교육과학기술부 장관상(교육정책제안 발표대회 최우수 정책제안 팀)
2017.12. 대전광역시교육청 교육감 표창(대학생 교육기부 우수 유공)
2017.12. 사회 부총리 겸 교육부 장관 표창(교육홍보업무유공)

주요 활동이력
2013~2014 한국대학교육협의회 대입상담센터 수학과 전공상담기부단
2014 한국과학창의재단 대학생 STEAM 교육기부단 홍보대사
2017~2019 대전광역시교육청, 대전동부교육지원청 수학과 학력신장 보충지도
(2018.12. 기준 교육봉사 300시간 달성)
2019 교육부 국민 서포터즈, 2017 대한민국 교육부 블로그 기자단, 2017 대전광역시교육청 열린기자단 등 다수 기자단 활동
2019 단국대학교 융합기술대학(2020. 과학기술대학) 에너지공학과 학사조교A

데일리 수학
세상에 하나밖에 없는 나만의 수학일기

초판인쇄 2020년 1월 1일
초판발행 2020년 1월 1일

저　자　김정현
펴　낸　곳　지오북스
발　행　인　신은정
주　　소　서울 중구 퇴계로 213 일흥빌딩 408호
등　　록　2016년 3월 7일 제395-2016-000014호
전　　화　02)381-0706 ｜ 팩스 02)371-0706
이　메　일　emotion-books@naver.com
홈페이지　www.geobooks.co.kr

ISBN 979-11-87541-71-4
값 12,000원

이 도서의 국립중앙도서관 출판예정도서목록(CIP)은 서지정보유통지원시스템 홈페이지(http://seoji.nl.go.kr)와 국가자료공동목록시스템(http://www.nl.go.kr/kolisnet)에서 이용하실 수 있습니다. (CIP제어번호 : CIP2019045481)

이 책은 저작권법으로 보호받는 저작물입니다.
이 책의 내용을 전부 또는 일부를 무단으로 전재하거나 복제할 수 없습니다.
파본이나 잘못된 책은 바꿔드립니다.

이 책의 머리말

　미래 사회에서 수학은 굉장히 중요한 교과목, 학문으로 자리 잡고 있습니다. 하지만 교육부에서 제시한 2018년 국가수준 학업성취도평가 결과에 따르면 기초학력 미달 비율에 대해 "수학의 기초학력 미달 비율이 중.고등학교 모두 수학의 성취도가 낮음"이라고 하면서 2017년과 비교했을 때 보통학력 이상 비율은 감소하면서 기초학력 미달 비율은 늘어나고 있습니다.

　그렇지만 학부모, 학생 모두 수학에 대한 중요성은 매우 커지고 있습니다. 대학수학능력시험에서도 수학이 차지하는 비율은 매우 크기 때문에 흔히 이야기하는 '수학 못하면 대학 못 간다.'고까지 등장했을 만큼 매우 중요하다고 할 수 있습니다. 또한, "대학에서는 수학 안 하겠지"라고 생각하는 것은 엄청난 상처를 입을 수 있기 때문에 꾸준히 공부해야 하는 학문이 다름 아닌 수학이라고 할 수 있습니다.

　26년을 살아오면서 4개월이라는 짧은 시간동안 저는 어떤 사람이었는지, 그리고 어떤 사람이고 싶은지를 돌아볼 수 있었던 시간이었습니다.

　필자 또한 수학이라는 과목은 단순히 답을 내고 문제를 푸는 것으로만 생각했습니다. 또, 중학생이 되면서는 범위가 급격히 늘어나면서 알 수 없는 기호들이 등장하면서 어려움을 호소했었습니다. 그렇지만 수학을 좋아하게 된 계기가 하나 있었는데 그것이 동기부여가 되어 끝까지 수학을 밀게 되었고 결국 대학교에서 수학을 전공하게 되었습니다.

  수학을 가지고 무엇을 할 수 있을까, 많은 생각이 들기 시작했습니다. 한 과목만 잘할 수도 있겠지만 현대 사회에서는 창의·융합형 인재를 요구하는 곳이 많다보니 수학만 잘하면 안 된다는 생각에 무엇이든 배우고 싶었습니다. 그래서 여러 활동들을 하면서 많은 것을 배울 수 있었고 매사에 최선을 다하자는 마음으로 임한 결과 좋은 결과도 낼 수 있었습니다. 그리고서는 또 다른 무언가를 하고 싶어졌고 꾸준히 배움과 나눔을 통해서 수학이 재미있다는 것을 꼭 알리고 싶어졌습니다.

  여기서 쓴 책 또한 그런 마음으로 작성했습니다. 학창시절부터 해서 대학생이 되기까지, 그리고 현재 대학원생이 되면서까지 모든 일상을 담았습니다. 물론 이 책 한 권으로 수학에 대해 모든 것을 설명할 수는 없을 것입니다. 그렇지만 최소한 이 책을 통해서 학생들이 "이렇게도 수학의 매력에 빠져 살 수 있구나!", "수학이 단순히 사칙연산만으로 흘러나가는 것이 아니라 분명히 어디에서 쓸 내용이 반드시 있구나!"라는 것을 느꼈으면 합니다. 수학에서 배우는 교육과정은 대학교에서 배우는 수학 내용이 많아 학생의 수준에서는 어려울 수 있으나, 최소한의 내용만을 반영하여 보다 쉽게 설명하기 위해 많은 노력을 기울였다는 점을 알아주셨으면 합니다.

  첫 책을 쓴 내용은 다음과 같이 구성했습니다. 1장에서는 저의 학창시절 때의 이야기와 강연을 통해 얻은 내용을 꺼내볼까 합니다. 2장에서는 대학교 수학과에 진학하게 된 계기부터 해서 현재 대학원에서 수학교육을 전공하고 있는 시점까지 수학을 좋아하고 계속 전공으로 하고 있는 이유에 대해 살펴보겠습니다. 3장에서는 수학과 함께하면서 여러활동들을 했는데, 그 중에서 2가지를 언급하고, 수학과 활동을 만들어나갔던 주요 성과들을 작성했습니다. 마지막으로, 4장에서는 제가 기록했던 수학 일기입니다. 단순히 숫자로만이 아니라 수학 용어를 골라서 쓴 일기를 보여드리려 합니다.

  끝으로 이 책이 출판하기까지의 과정이 정말 어렵고 힘들었습니다. 한 분 한 분께 인사를 드리지 못해 죄송할 따름이지만, 이 책을 대신하여 감사하다는 인사를 전하고 싶습니다. 이 책이 출판될 수 있도록 성원을 보내주신 하나 뿐인 부모님과 형에게 감사의 뜻을 표합니다. 마지막으로 저의 역량을 알아봐주시고 책 출간까지 직접 도와주신 지오북스 김남우 대표님께 감사의 인사를 전하며 머리말을 줄입니다.

지은이 올림.

이 책의 머리말

CHAPTER 1 수학에 눈을 뜨다!

Section 1.1 한문학도에서 수학도가 되기까지 ·············· 08
Section 1.2 수학의 매력을 느끼다 ························· 13
Section 1.3 수학을 하는 사람이라면 ······················· 20

CHAPTER 2 나의 인생과 함께 한 수학

Section 2.1 수학과 진학을 결심하게 된 계기 ············· 26
Section 2.2 나에게 수학은? ································ 30
Section 2.3 따끔한 충고 ···································· 33
Section 2.4 남들에게 뒤처지고 싶지 않았다! ············· 40
Section 2.5 돌아보면, 선생님께 너무 감사해요 ············ 43

CHAPTER 3 수학과 함께라면

Section 3.1 수학, 왜 해야 해? ····························· 50
Section 3.2 4년의 투자 ····································· 55
Section 3.3 교육봉사를 꾸준히 하는 이유 ················· 62

Section 3.4 활동이 곧 나에겐 콘텐츠가 된다! ············70
Section 3.5 버킷리스트에도 없던 기자 생활! ············75
Section 3.6 수학과 친해지려면? ·····························81
Section 3.7 나만의 수학 필기 ································87

CHAPTER 4 수학 일기

Section 4.1 이상한 생각 ··96
Section 4.2 보이지 않는 닫힌 집합을 허물어야 한다! ··101
Section 4.3 당신은 사랑받기 위해 태어난 사람 ········104
Section 4.4 비상하라, 정현아! ·································107
Section 4.5 그래프로 살펴 본 나의 인생 ···············109
Section 4.6 인생은 항등식처럼 ·····························114

▶▶부록 기자단으로 함께한 시간 ····················119

1장

수학에
눈을 떼다!

데일리 수학

Section 1.1 한문학도에서 수학도가 되기까지

그저 수학만을 바라봤고 수학 문제도 많이 풀어봐야겠다는 생각이 가득했던 대학생 때, 그리고 지금은 대학원을 다니면서 수학교육을 전공하고 있는 이 시점까지를 생각해보면 참 많은 변화가 있었다는 것을 느낀다.

그런데 제목부터가 심상치 않다고 느꼈을 것이다. '한문학도'라고 표현하기에는 다소 거리감이 있을 수 있지만, 예전에 내가 가장 좋아했던 학문을 고르면 나는 고민하지 않고 바로 "한문"이라고 이야기했을지 모른다. 이 둘 사이의 관계를 보면 교집합(intersection)이 없을 것만 같지만 나에게는 굉장히 큰 자극제가 되었던 과목이기도 하다.

CHAPTER 1 수학에 눈을 떼다!

정의 1.1.1 (교집합과 합집합)
두 집합 A, B에 대하여 두 집합의 교집합을 $A \cap B$로 나타내고, 다음과 같이 정의한다.
$$A \cap B = \{x \mid x \in A \text{ 그리고 } x \in B\}$$
다시 말해, 어떤 한 원소 x에 대하여 A에도 속해야 하고 B에도 속해야 한다.
또한, 두 집합의 합집합을 $A \cup B$로 나타내고, 다음과 같이 정의한다.
$$A \cup B = \{x \mid x \in A \text{ 또는 } x \in B\}$$
다시 말해, 어떤 한 원소 x에 대하여 A에 속하거나 B에 속하는 경우이다. 물론 $A \cap B \subseteq A \cup B$이 성립한다.

나는 학창시절 때 공부를 그렇게 잘 하는 편은 아니었다. 좋아했던 과목은 꾸준히 좋아하고 싶어 했고, 반대로 싫어했던 과목은 정말 싫어했던 스타일이었기 때문에 공부를 하는 것에 있어서는 정말 내가 하고 싶었던 교과만 배우고 싶었고 풀고 싶었다. 물론 수학은 좋아했던 과목 중에 하나였다. 답이 명확하게 떨어지는 것이 너무 마음에 들었는지 수학도 재미있어했던 것 같다.

한문으로 시작했던 '나', 어렸을 적 장래희망은 한문 선생님?

한자(漢字)를 처음으로 접한 때는 초등학교 1학년 때였다. 대개는 '한자 잘하면 국어도 잘하지 않을까?'라고 생각하겠지만, 나는 오히려 국

데일리 수학

어를 못해서 한자라도 해서 조금이라도 도움이 되지 않을까 싶어서 공부하기 시작했다.

　초등학교에 다녔을 적에 정규 교육과정에 한문이라는 건 없었지만 아침 시간을 활용해 한자 공부를 했던 기억이 난다(학교마다 다르겠지만 내가 다닌 학교는 최소 이랬다). 그 때 교재가 500자 정도 되는 한자를 외워서 한 학기에 한 번 인증시험을 보고 70점을 넘으면 학교 자체적으로 인증서를 받을 수 있었던 제도가 있었다. 아무래도 어렸을 때 한자 공부를 해 놓아서 그런지 쉽게 외워졌고 어려운 한자도 계속 쓰다 보니 외워졌던 것이 도움이 되었는지 초등학교 2학년 1학기 때 1급의 인증서(교재에서 500자 이야기 했는데 그 한자를 모두 외워야 가능)를 취득했었다. 그 때 애들도 굉장히 놀라면서 하는 말이

　　　　　　　"쟤 나중에 한문 선생님 되겠다!"

이었다.

　그렇다. 내 초등학생 때의 꿈은 바로 한문 선생님이었다. 한문을 알고 있는 건 굉장히 큰 무기라고 생각했고 그 때는 남들이 잘 하지 않으려 한 것을 내가 이루어낸 것에 대해서 '모르는 사람이 있으면 도움을 주면서 설명하고 싶었고, 그랬을 때의 보람을 느꼈던' 그런 때였다.
　잘하는 것에는 도전을 즐겨했던 나는 이제 자격증을 따기 위해 또 공부하기 시작했다. 내가 봤던 자격증은 한국어문회에서 시행했던 한자능력검정시험이었는데, 정말 큰 산을 넘어야 했다. 나는 한자를 외우기를

CHAPTER 1 수학에 눈을 떼다!

잘했다고 생각하지만, 한자와 한문(漢文)은 또 다르다는 것을 느꼈고 무엇보다 더 많은 것을 알아야만 했다. 문제 유형 중에서 사자성어, 반대어·반의어, 유의어, 동음이의어 등을 알아야 했고 어떤 단어가 있으면 이를 한문으로 바꿔야 했었다. 그런데 나는 이런 걸 전혀 모르고서 하려고 하니 점점 짜증이 나기 시작했다.

자격증을 처음으로 도전했던 급수가 5급(읽기 500자)이었고, 4급(읽기 1,000자)까지는 무난했다. 그런데 글자 수가 점점 많아지더니 3급(읽기 1,817자)과 2급(읽기 2,355자)은 정말 넘지 못할 벽을 만난 기분이었다. 못 보던 한자도 많았지만 이제는 비슷한 게 눈에 들어오기 시작하면서 혼란이 오기 시작했고 문제를 풀면서도 느꼈지만 '이거였나? 저거였나?' 헷갈리기 시작했다. 그랬던 나는 시험장에 들어가기 전까지 계속 헷갈렸던 한자들을 뚫어져라 보면서 마음을 다잡고 갔던 기억이 난다.

시행회	시행일	수험번호	급수	출제문항	득점문항	백분율점수	자격발급번호	자격종류	자격취득일
제25회	2003.11.01	155-04-0015	4급	100	86	86점		공인자격	2003.12.01
제27회	2004.07.31	462-03-0119	3급	150	121	80점		공인자격	2004.08.30
제34회	2006.11.04	155-02-0068	2급	150	112	74점	34-155-0010	공인자격	2006.12.04

그림1-1. 당시 초등학생 때 취득한 한자능력검정시험 합격자열람(공인자격 기준)

결론적으로, 나는 자격증 2급을 취득했다. 그렇지만 과정이 그리 순탄치는 않았다. 3급과 2급은 한 번에 붙지를 못했고, 2급은 정말 많이 떨어졌다. 수능으로 이야기하면 3급은 재수, 2급은 사수였던 걸로 기억하는데 떨어질 때마다 나 자신이 정말 부끄럽기만 했고 다시 봐도 떨어진다는 생각만 가득했었다. 당시에는 5, 8, 11월에 시험이었고 내가 봤

데일리 수학

던 2급의 마지막 시험이 2006년 11월 4일이었는데 이때가 초등학생 때의 마지막 시험이기도 했다. 만약 이 시험마저도 떨어졌다면 3급으로 끝났거나 2급을 중학생 때로 미뤘을 텐데 감사하게도 초등학생 때의 마지막 시험을 붙고 나니까 유종의 미를 거뒀다는 것이 이럴 때 쓰인다는 걸 알게 해줬다. 그리고 합격한 만큼 축하 인사도 굉장히 많이 받았다.

최근 인터넷에서 유명한 한시(漢詩)가 있다고 해서 검색해봤다. 그런데 웬걸, 수투(數鬪; 수학싸움)이라는 제목으로 오언절구(五言絕句; 5개의 한문으로 구성해 총 4개의 절로 이루어진 한시의 종류)의 한시를 볼 수 있었다.

그림1-2. 이런 학생들 분명히 있겠지? /
사진출처 : inven.co.kr > 수포자가 지은 한시

CHAPTER 1 수학에 눈을 떼다!

분명 해석하면 의미가 너무나 잘 전달된다. 하지만 이를 음으로만 읽고 보면 비속어로 들린다.

"어쩜 이런 걸 한문을 이용해서 수학을 싫어한다고 표현했을까?"

참 대단하지 않을 수 없다. 물론 수학을 예전에 잘 하지 못했을 때를 생각하면 공감이 되는데, 학부 때 수학을 전공했고 대학원에서 수학교육을 전공하고 있어서 그런지 느낌이 전혀 다르다. 실제로 위에 있는 한시를 학생들에게 보여줬더니 정말 많은 공감을 얻었다고.

하지만 필자가 이 내용을 넣은 분명한 이유는 그만큼 수학에 대해서 '정말 우리는 수학을 배우는 걸까?'를 생각해야 하지 않을까 싶어서였기 때문이다. 사람들마다 어떤 사물, 현상, 아니면 지금처럼 수학이라는 학문에 대해서 좋아하는 정도는 당연히 다를 수 있기 때문이다. 그렇지만 이번 교재를 써 내려가면서 조금이나마 수학에 대한 마음의 변화가 왔으면 하는 것이 필자가 원하는 것이지 않을까 싶다.

Section 1.2 **수학의 매력을 느끼다!** ─────•

중학교 강연을 가서 수학을 좋아하는 이유를 물어보면 다음의 경우로 답변이 돌아오는 경우가 많았다.

"답이 딱 하나로 떨어지니까요!" / "명쾌하잖아요!"

데일리 수학

나 또한 수학을 좋아하는 이유는 여러 가지가 있다. 문제를 읽고 집중해서 답을 해결하기까지의 그 시간이 굉장히 즐거웠고, 한 계단 한 계단 올라갈 때마다 느끼는 성취는 학년이 올라갈수록 그 깨달음은 더욱 커지는 것이 느껴졌기 때문이다. 하지만 무엇보다 내가 수학을 좋아하게 된 이유를 명확히 이야기하면 바로 중학교 3학년 때, 담임 선생님께서 쓰신 '칠판(Blackboard)' 때문이다.

당시 담임 선생님께서 수학을 가르치셨는데 판서를 보고서 '이렇게 예쁠 수가 있구나!'라는 생각이 들 정도로 너무 아름다웠고, 그 판서를 보면서 나 또한 분필을 들고 하나하나 따라 써 보면서 수학의 매력에 점점 빠지게 되었던 시간이었다.

그림 1-3. 교육봉사하면서 남긴 판서의 흔적; 초등학교 6학년 수업 중

CHAPTER 1 수학에 눈을 떼다!

그렇게 칠판에 글씨를 쓰고서 가득 채우고 칠판과 멀리 떨어진 곳에서 바라봤더니 나 자신의 필기가 그렇게 마음에 들기 시작했다.

물론 내가 글씨를 잘 쓰는 편은 아니었으나, 예전부터 무언가를 정리하는 습관은 어렸을 적부터 가지고 있었다보니 그런 부분이 나에게는 큰 하나의 장점이 되었고 그런 정리를 칠판에서도 하게 됐다.

나 때는 학교가 8시 20분까지 등교였지만 중학교 3학년 때 아버지 차를 타고 등교했다보니 7시 50분 정도면 학교에 도착했고 가장 먼저 교실에 도착하면 분필을 찾은 후에 나 스스로 판서를 했던 기억이 난다. 그러고는 아무도 없는 공간에서 마치 인터넷 강의 선생님이라도 된 것처럼 20분 정도 설명하면서 나만의 판서 법을 만들어나갔던 것 같다. 이런 사소한 일을 매일 하다 보니 수학하는 맛을 조금씩 느끼기 시작했던 기억이 난다.

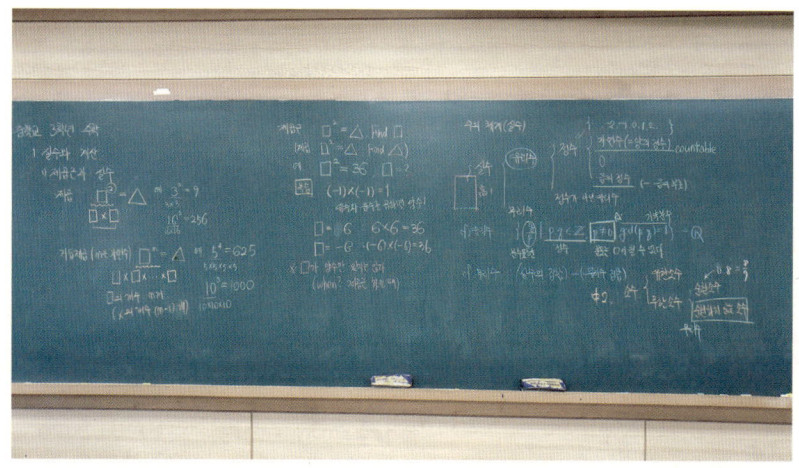

그림 1-4. 중학교 3학년이 배우는 내용을 판서로 했을 때(제곱근과 실수)

데일리 수학

글을 적어보니까 생각난 건데, 중학교 3학년이 되어서 수학을 좋아하게 된 이유가 '칠판' 때문에도 있었지만 가장 충격적이었던 '증명(2015 개정 교육과정부터는 정당화라는 용어로 사용)' 하나 때문에 그 충격을 받아들이는 데 시간이 꽤나 걸렸지만 이해하고 나서부터는 말로 표현할 수 없는 짜릿함 때문이 아니었나 싶다. 바로 다음의 문제였다.

문제 1.2.1
$\sqrt{2}$는 무리수임을 증명하여라.
2009학년도 당시 배웠던 중학교 3학년 1학기 1단원, "무리수와 실수" 중에서

우리는 너무나 당연하게 $\sqrt{2}$는 무리수(irrational number)라고 받아들이고, 이 숫자는 순환하지 않는 소수로 알고 있을 것이다. 그런데 이 문제에 대한 증명(정당화)의 첫 문장이 다음과 같다.

증명
$\sqrt{2}$를 유리수라고 가정하자. (후략)

CHAPTER 1 수학에 눈을 떼다!

뜬금없이 '**유리수로 가정을 한다고?**' 어떻게 증명을 하게 되는지에 대해서 궁금증을 갖게 되었는데 증명을 하다가 아래의 두 글자를 만나게 된다.

"모순(矛盾); contradiction"

결국 $\sqrt{2}$ 는 무리수임을 밝히고 끝낸다. 대체 뭘까 했다. 고등학생이 되어서도 이러한 증명까지 다 외워야만 하나 했는데 알고 봤더니 이러한 증명을 우리는 '간접 증명법(Indirect proof)' 또는 '귀류법(Proof by Contradiction)'이라고 부른다고 한다. 이걸 알게 된 순간 들었던 생각이

"이런 논리로도 증명하는구나!"

라는 것을 알고 나서는 또 다른 배움을 느꼈고, 이후로도 수학을 놓치지 않고 꾸준히 공부했다.

그림 1-5. 고등학교에서 배우는 내용을 판서로 했을 때(수열)

데일리 수학

고등학교에 와서 재미를 느꼈던 것 중에 하나는 '수열(Sequence)'이었다. 그 중에서도, 예전 대학수학능력시험에는 한 문제 단골로 출제했던(지금은 다른 문제로 출제하는 것 같다) '수학적 귀납법(Mathematical Induction)'이었는데, 이 부분은 증명하는 데에 있어서 또 다른 즐거움을 줬던 부분이었다. 물론 이 내용은 대학교에 왔을 때 충격을 안겨다 준 그런 부분이기도 했다.

문제 1.2.2
다음을 수학적 귀납법을 이용하여 증명하여라. (단, n은 자연수)
$$1+2+\cdots+n=\frac{n(n+1)}{2}$$
2011학년도 당시 배웠던 고등학교 2학년 수학 I, "여러 가지 수열" 중에서

이 문제만 봤을 때에는 수학적 귀납법을 알지 못한다면 분명히 **"어떻게 증명해야 하지?"**라는 생각이 가득하다. 하지만 수학적 귀납법을 이용하여 증명한다는 것(정당화한다는 것)은 나에게 있어서 굉장히 재밌었던 부분이었고 그런 과정 하나하나에 매력을 느끼면서 접근해나가니까 평소에는 느낄 수 없었던 또 다른 즐거움이 찾아왔다. 왜냐하면 내가 느꼈던 수학적 귀납법은 또 다른 증명법이었고 기존의 증명법(직접증명법(Direct Proof), 귀류법(Proof by Contradiction) 등)처럼 하나하나 다 밝힐 필요가 없다는 것이 가장 큰 장점이라고 생각했기 때문이다.

CHAPTER 1 수학에 눈을 떼다!

증명

(1) $n=1$일 때(Basic Step), $1 = \frac{1 \cdot 2}{2}$ 이므로 성립.

(2) $n=k$라고 가정하자(Inductive Step). 다시 말해,
$1+2+\cdots+k = \frac{k(k+1)}{2}$ 라고 하자.

양변에 $k+1$을 더하면 다음과 같이
$$\begin{aligned} 1+2+\cdots+k+(k+1) &= \frac{k(k+1)}{2}+(k+1) \\ &= \frac{k(k+1)}{2}+\frac{2(k+1)}{2} \\ &= \frac{(k+1)(k+2)}{2} \end{aligned}$$

이 되므로, $n=k+1$일 때가 성립한다.
위의 (1), (2)에 의해 자연수 n에 대하여 위의 식은 성립한다.■

사실 수학적 귀납법을 증명하면서부터는 이런 문제를 굉장히 많이 풀어봤던 기억이 난다. 실제로 대학교에 와서도 해석학, 이산수학, 정수론에서 수학적 귀납법이 등장하기 때문에(물론 고등학교에서 배우는 교육과정과는 또 다르고, 수학적 귀납법 자체를 증명해야 하는 내용도 다룬다.) 상당히 많은 문제를 풀었던 기억이 난다.

내가 느꼈던 수학은 갈수록 배워야 할 범위는 많아지는 것도 사실이

었지만, 그만큼 새로운 개념을 알아간다는 것은 굉장히 뿌듯함으로 남아있었다.

Section 1.3 수학을 하는 사람이라면

아마 현장에 계신 선생님들이라면 이 질문에 대해 굉장히 큰 공감을 하지 않을까 싶다.

"선생님! 도대체 수학은 왜 해야 할까요?"

한편으로는 "선생님, 수학은 왜 배우나요?"라는 질문도 상당할 것 같다. 나도 진로 강연을 하면서 느낀 것이지만 학생들이 오는 질문이 대개는 이랬다보니 고민을 안 할 수 없었다. 사실 사람들이 "우리가 살아가면서 덧셈, 뺄셈, 곱셈 그리고 나눗셈(위 4가지를 중학생 때까지는 '사칙연산'으로 부른다)만 해도 충분한데 왜 우리는 미분과 적분을 배워야 하나요?"라는 질문을 하지만 이에 대한 답변은 아직까지도 정확하게 내릴 수 없었다.

나 또한 이 부분에 대해서는 충분히 공감한다. 수학을 배운 사람으로서 "수학을 해야 한다!"라고 강력하게 주장하고 싶지만 그런 이유에 대해서 이야기를 할 수 없는 상황, 반대로 "수학 안 해도 먹고 살 수 있어!"라고 하지만 그러기에는 수학을 공부한 사람으로서는 납득할 수 없는, 어쩌면 어렸을 적 "엄마가 좋아, 아빠가 좋아?"라는 질문부터가 이해할 수 없는 질문이듯 이 부분도 똑같다고 생각한다.

그래서 나는 "수학을 해야 할까?"라는 질문을 사람들에게 물어보면

CHAPTER 1 수학에 눈을 떼다!

서 얻은 답변을 토대로 나만의 기준을 세워 스스로 분류해봤더니 다음과 같은 결과를 낼 수 있었다.

"수학을 해야 한다!"에 대한 긍정적인 이유

○ 말로 하면 굉장히 길고 지루하게 느껴지는 것을 수학이라는 학문을 사용함으로써 시간도 절약할 수 있고 함축적으로 요약할 수 있다.
○ 문제를 해결하는 과정에서 사고력이나 이해력을 높이는 데 도움이 되고, 집중력을 기르는데도 도움이 된다.
○ 경제 금융이나 통계 등 여러 방면에서 알게 모르게 사용이 되고 있기 때문에 응용할 수 있다.
○ 주위만 둘러봐도 음악, 미술 등 다방면에서 수학은 활용되고 있기 때문에 수학을 배울 필요가 있다.

"수학을 해야 한다!"에 대한 부정적인 이유

○ 공대생(공학 계열 학과를 다니는 학생을 지칭)에게 수학을 하지 않으면 후회한다.
○ 대학수학능력시험이라는 제도에 수학이 많은 비중을 차지하고 있어서 어쩔 수 없이 공부를 해야 하는 과목이다.
○ 대학에 와도 전공 공부보다 수학 공부를 더 많이 하게 돼서 학업에 대한 부담이 더 커질 수밖에 없다.
○ 수학을 하지 않으면 대학에 잘 갈 수 없듯 반드시 해야 하는 과목으로 자리 잡아 공부하는 시간이 상대 과목보다 더 많이 필요로 한다.

표 1-1. 수학을 해야 하는 긍정적 이유와 부정적 이유(자체 인터뷰)

물론 개인차가 있기 때문에 위의 내용이 100%까지 답을 내릴 수는 없겠지만 최대한의 공감이 가지 않을까 생각한다. 하지만 분명히 알아야 할 것은 지금의 수학은 중요한 교과목으로 자리 잡고 있고 대학수학능력시험을 위해서라면 반드시 거쳐야 하는 단계에 있다는 점이다.

강연을 나갔을 때 학생들에게 듣는 답변은 더 신선했고 충격적이었다. 요즘에는 조금 덜 해진 경향이 있지만 공교육정상화법이 학원에서는 적용되지 않아 학생들이 선행학습에 아직까지 영향이 있어서인지, 수학을 하는 이유에 대해

"학원에서 가르쳐준 내용이 (고스란히) 학교에서 문제가 출제되면 그 때 풀고 나서 당당함을 얻었어요!"

라고 답한 학생이 있었다. 생각도 못한 답변에 정말 너무 강렬해서 아직까지도 잊지 못하고 있다. 아마 내 개인적인 생각으로는 현재로서도 학교와 학원의 교육열 차이가 많이 나고 있다는 것을 알려주고 있지 않나 생각한다.

아직까지 "수학을 해야 한다, 그렇게 크게 안 해도 된다."는 문장에 대해 답을 낼 수는 없지만 공부하고 있는 입장으로서, 그리고 책을 쓰고 있는 입장으로서 조금이라도 수학에 대해 긍정적인 마음을 얻었으면 하는 마음이다. 내가 자신 있게 이야기할 수 있는 것은 수학을 통해 다양한 관점을 바라보면서 이 쪽 저 쪽에서 배우는 모든 것과 연결 지을 수 있었고 그런 점에서 굉장히 큰 시너지를 얻었다는 것이다. 앞으로 펼쳐나갈 나의 이야기에 더욱 귀기울여주셨으면 한다.

CHAPTER 1 수학에 눈을 떼다!

그림 1-6. 나를 상징하는 캐리커쳐 (그림 제공 : 블로거 HIPPO)

연구 과제

Set 1 | 수학에 대한 감정 읽기

(1) 현재 여러분은 좋아함과 싫어함을 막론하고 수학이라는 교과목을 배우고 있습니다. 본인은 수학에 대해 어떻게 느끼고 있는지 자유롭게 표현해보고, 그렇게 정한 이유를 설명해봅시다.

(2) 수학을 배우면서 가장 충격을 받은 내용이 있습니까? 또는 좋아하게 된 동기부여가 있습니까? 있다면 자세히 이야기해봅시다.

Set 2 | 본인의 주장 이야기하기

(1) 여러분은 수학을 해야 하는 입장입니까? 아니면 하지 않아도 되는 입장입니까? 그렇다면 그에 대한 이유는 무엇입니까?

(2) 여러분이 이제 성인이 되어, 학생이 "도대체 수학은 왜 배워야 할까요?"라고 질문한다면, 여러분은 긍정으로 답해주시겠습니까? 아니면 부정으로 답해주시겠습니까? 그리고 그렇게 정한 이유는 무엇입니까?

(단, 반드시 수학을 가르치는 사람이거나 수학을 배운 사람이라고 단정짓지 않는다. 다시 말하면, 수학을 싫어하는 사람이라고 생각할 수도 있다.)

2장

나의 인생과 함께 한 수학

데일리 수학

제2장 나의 인생과 함께 한 수학

Section 2.1 수학과 진학을 결심하게 된 계기

정의 2.1.1
(명제; Proposition)
참 또는 거짓 둘 중 하나를 이야기할 수 있는 문장을 명제라고 한다.
(**그렇다고 해서, $x+3=2$는 명제라고 말할 수 없다.**)

고등학교에 갔을 때만 해도 나는 어떤 학과를 가야 할까 고민이 굉장히 많았다. 손재주는 없고, 그렇다고 내가 어학계열이나 상경계열로 가기에는 자신이 없었기 때문이다. 아무래도 취업이 중요해진 요즘 사회에서 미래가 밝고 취업하기에도 좋은 학과를 가는 것도 생각해봤었는데

CHAPTER 2 나의 인생과 함께 한 수학

가는 것까지는 좋을지 몰라도 가서 적응을 할 수 있을까라는 의문점이 남았기 때문에 정말 온전히 내가 할 수 있는 학과를 결정하는 것이 좋겠다는 생각을 했다.

내가 배웠을 당시에는 명제가 고등학교 1학년 1학기 때 배웠기 때문에 다소 일찍이 만났던 내용이었다. 그런데 문득 생각한 것이, 명제를 이용해서 문장을 만들어보면 어떨까라는 생각을 하게 했고, 그런 명제들을 표로 만들어서 나만의 맵(map)을 만들면 어떨까 싶어서 하나씩 하나씩 적어가기 시작했다.

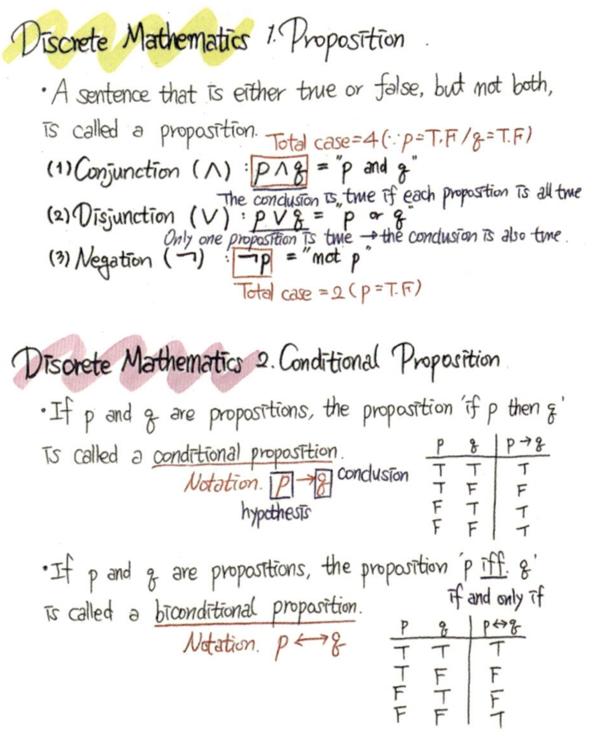

그림 2-1. 대학교 이산수학(Discrete Mathematics)에서 배우는 명제 중에서(한 장으로 보는 수학; 직접 필기)

가장 먼저 세웠던 나의 첫 명제는 이랬다.

> Proposition 1. 내가 잘 할 수 있는 과목은 5개 이상이다.

단순히 나 자신에게 묻고 있는 것이기 때문에 이 문장은 참 또는 거짓을 이야기할 수 있으므로 명제가 된다. 물론 잘 한다는 부분에서는 명제라고 할 수는 없겠지만 나 자신에게 명확한 기준이 서면 자신에게는 명제가 되지 않을까 싶어서다.

5개로 잡은 이유에 대해서는 딱히 없지만, 그래도 나 자신을 내려놓고 돌아봤을 때 대학에 진학했을 때 평생 따라다니는 이정표처럼 그 과목에 대해서는 전문가가 되어야 한다는 생각이 컸기 때문이다.

우선, 나는 이 명제에 대해서는 거짓(False)이었다. 잘 한다고 자신할 수 있었던 과목은 당시 수학, 한문, 음악, 과학(물리)이었고 결국 4개 과목이었기 때문이다. 물론 지금에서야 다시 한 번 물어보면 음…… 글쎄……. 그렇지만 확실한 것은 지금 책을 쓰고 있는 상황에서 이 질문이 다시 돌아온다면 역시 거짓이라고 이야기하지 않았을까 싶다.

이후로 쓴 명제는

> Proposition 2. 가장 자신 있어 하는 과목은 수학이다.

이었는데 난 이 부분에 참(True)을 줬다. 왜냐하면 내가 중학교 3학년 이

CHAPTER 2 나의 인생과 함께 한 수학

후로 자신 있어 했던 과목은 수학이었기 때문이다. 선생님의 도움도 굉장히 컸지만 문제를 풀었을 때, 물론 단순한 계산 문제는 귀찮은 건 사실이지만 굉장히 어려운 올림피아드 문제를 비록 시간이 걸리더라도 풀었을 때의 그 쾌감은 굉장히 컸고 이 맛에 수학을 계속해서 했나보다.

> Proposition 3. 명제 2번을 가지고, 앞으로 나는 무엇을 해야 할지 결정했다.
> Proposition 4. 명제 2번을 가지고, 다양한 활동을 학과와 접목시켜서 할 자신이 있다.
>
> ...

이런 명제들을 써 내려가니까 끝없는 명제들이 줄을 서기 시작했고, 이 명제 로드 맵(road map of propositions)을 통해서 내가 할 수 있는 것을 찾고 알아가는 모습을 찾아가는 그런 시간이 지금에 있어 수학을 전공하고 있는 현 위치의 나를 볼 수 있었다고 생각한다.

데일리 수학

Section 2.2 나에게 수학은?

고등학교 3학년, 대학수학능력시험이 끝나고 4일 뒤에 대학교 면접이 있었다. 당시 지원했던 한 대학의 면접은 총 2가지였다. 하나는 6명이 한 공간에 한꺼번에 들어가서 24분 동안 하나의 주제에 대해 찬반 토론하는 면접이었고, 나머지 하나는 교수님 세 분에 학생 1명이 들어가 심층 면접이었다. 내가 기억하고 있는 게 맞으면 대기 시간, 준비 시간을 포함해 1시간 동안 면접을 봤던 기억이 난다.

CHAPTER 2 나의 인생과 함께 한 수학

그 중, 심층 면접에서 질문한 내용은 아직까지도 잊지 못하고 지금도 이 질문에 대해서는 스스로 던져보고 명확하게 대답하고픈 그런 내용이었다.

"학생이 우리 학과에 지원한 건 수학에 뭔가가 있기에 지원하지 않았을까 싶은데, 본인에게 수학은 무엇인지, 그리고 왜 그렇게 생각하는지를 얘기해주세요."

이 문제는 내가 예상 문제를 만들면서 나왔던 문제이기도 했다. 이 문제를 듣고는 자신 있게 대답한 나의 답은 이랬다.

"수학은 인생이라고 생각합니다."

이유에 대해서는 이랬다. '**우리가 살면서 어떤 문제를 접했을 때 해결하기 위한 과정이 수학을 푸는 과정과 똑같은 느낌을 받았다.**'는 이야기를 계속해서 언급했는데 그런 부분이 나에게 꿈을 심어준 과목이라고 생각해서 수학은 인생이라고 생각한다고 말씀드렸다. 그랬더니 교수님께서 흡족해하셨는지 고개를 끄덕거리시면서 반응해주시기도 하셨다.

물론 위에서 얘기한 내용은 고등학생 때 느꼈던 수학의 이야기다. 하지만 수학을 전공하고 있는 입장에서 수학을 정의하라고 하면 위처럼 '인생'이라고는 이야기할 수 없을 것 같다. 지금의 나는 이렇게 이야기하고 싶다.

"수학은 체력이다."

앞서 이야기했던 인생과는 정반대의 내용이다. 그렇지만 '체력'으로 수학을 정의내리면서 나의 꿈, 내가 갈 길을 향해 달려 나갈 수 있도록 하는 매개체가 되어줬다. 무엇보다 수학을 가지고 할 수 있는 것이 정말 많고 다양하다는 것을 알고 나서는 학생들에게 수학이라는 존재를 알리기 위해 노력하고 있다. 그래서 이렇게 책도 쓰고 있지 않나 생각한다.

'체력'으로 쓰긴 했지만 '인내'라고 써야 할까 고민했다. 하지만 이를

CHAPTER 2 나의 인생과 함께 한 수학

포함하는 단어가 '체력'이라고 생각해서 쓰게 됐다. 수학을 하는 사람에게 필요한 덕목 한 가지라고 한다면 '체력'이라고 할 수 있다. 누가 끝까지 어떤 문제를 수학적으로 해결하는 가에 대해서는 '체력' 없이는 할 수 없다. 예전에 유럽에서는 수학 문제를 마을 주민 전체가 경쟁하면서 풀었다고 하고, 문제를 해결한 사람에게는 정말 존경을 표했다고 하는데, 그만큼 풀 수 있는 힘이 어마어마하다는 것을 깨달았기에 이런 단어로도 표현해보고 싶었다.

Section 2.3 따끔한 충고

수학과에 들어왔을 때에는 새로운 느낌이 강했다. 첫 시간에 배웠던 내용은 아직까지도 잊지 못하는데, 바로 함수의 극한과 연관이 있었다.

정의 **2.3.1**
(함수의 극한; Limit of a function)
하나의 함수 $f(x)$에 대하여, 한 점 $x = a$에서 극한이 존재하는 지를 알아보기 위해서는 다음을 만족해야 한다.
"모든 $\epsilon > 0$에 대하여 명제 $0 < |x-a| < \delta$ 이면 $|f(x) - L| < \epsilon$이 성립하도록 하는 적당한 $\delta := \delta(\epsilon) > 0$이 존재한다."
이 때, 우리는 x가 a로 접근할 때 함수 $f(x)$는 L로 수렴한다고 하며, 기호로는 $\lim_{x \to a} f(x) = L$ 과 같다.

데일리 수학

고등학교 때의 개념으로만 해도, 분명히 함수의 극한은 "어느 한 점에서 점점 가까이 갔을 때의 값"이라고 배웠는데 갑자기 대학교에 와서  증명법을 통해 이야기를 하고 있다. 처음에 이 개념을 딱 받았을 때 '이게 뭘까?'라는 생각이 강했다. 왜냐하면, 처음 보는 기호와 더불어 고등학교 때 배워서 머릿속에 담았던 개념은 잘못된 개념이었기 때문이다.

"아, 잘못했다."

그 때 생각이 문득 든 생각, 수학은 나랑 적성이 맞지 않기 시작했다. 우선적으로 이 개념을 이해하는 데에만 1년이라는 시간이 걸렸고, 내 것으로 만드는 데에만 1년하고도 반년은 더 걸렸던 것 같다. 이 상태로

CHAPTER 2 나의 인생과 함께 한 수학

가다가는 수학이 벅찰 것만 같고 더 이상 견디지 못해 포기할 것만 같았다.

하지만 처음부터 다시 시작한다는 마음으로 수학을 새로이 바라보기 시작했고, 교수님께 하나하나 여쭤보면서 바라보는 마인드를 다르게 보기 위해 부단히 노력했다.

그리고 5월 쯤 돼서 교수님으로부터 제의가 왔었다. 당시 1학년이었고, 논문 같이 해보지 않겠냐고 했는데 난 그 때 당시 '학술제'라는 것도 모르고 발표한다는 말에만 집중하고 "하겠습니다!"라고 한 적이 있다. 사실 학부생이 논문을 쓴다고 하는 것은 나로서도 믿지 않았고, 단순히 공부를 더 해서 다양한 사고력을 넓힐 수 있도록 하는 정도로만 생각했다. 흔히 사람들이 이야기하는 연구보고서 정도라고 생각했다.

당시 내가 연구했던 분야는 '미적분학의 기본정리(미분과 적분을 서로 연관 짓는 두 개의 정리 중 첫 번째)'가 과연 차원을 넓혔을 때에도 이 정리가 성립하는지에 대해 논하는 내용이었다. 참고로 미적분학의 기본정리를 사용하기 위해서는 epsilon-delta 증명법($\epsilon - \delta$ 논법)이 반드시 필요했고, 무엇보다 나눗셈 과정이 정말 힘들었다. 안타깝게도 이 부분은 교수님께서 연구 중이시기 때문에 자세하게 이야기할 수 없다. 그렇지만 주제를 들었을 때 수학에서 역사적인 한 획을 장식할 수 있는 정리라고 말씀하셨다.

데일리 수학

정의 **2.3.2**
(역도함수; anti-derivative)
D가 구간이고, f, $F:D \to \mathbb{R}$ 가 모든 $x \in D$에 대하여
$$F'(x) = f(x)$$
일 때, F를 f의 역도함수라고 한다.
- 함남우, 기초해석학(개정판), 북스힐, 2009

지금은 대학원생이기 때문에 수학을 정말 사랑하고, 그 사랑을 사람들에게도 전달해 수학이라는 학문을 정말 많이 알리고 싶은 마음이 크다. 하지만 대학교 1학년 때는 "내가 수학을 좋아했던 게 맞나?" 싶을 정도로 '더 열심히 해야지!'라는 자극보다는 포기라는 단어가 떠오르기 시작했다.

학술제를 준비하면서 많은 시련을 겪었다. 논문을 처음 쓰는 것도 있었지만, 식 하나하나를 만들어냈을 때 그것이 우리에게 어떤 의미를 부여하는 지를 생각하지 못하고 교수님께 피드백을 받으러 갔는데 당시 교수님께서 하시는 충격적인 말씀...

"수학 가지고 사기 치는 거 아니야."

난 그저 수학을 가지고 '이렇게 하자'라고 한 건데, 이걸 바라보신 교수님께서는 "수학은 논리와 창의성을 가지고 식을 만들어내는데 그런

CHAPTER 2 나의 인생과 함께 한 수학

거 하나도 없고... 이러면 너 수학한다고 하면 안 돼!"라고 말씀하셨을 때가 너무 충격으로 다가와서 든 생각...

'수학 포기할까?'

하지만 교수님께서 말씀하신 내용도 일리 있었다고 생각한다. 난 그저 현상이 재밌었고, 배우는 게 재밌었으니까... 하지만 그 원리에 대해서는 이해하지 못했다는 것이 나의 판단이었고, 그 이후로 아무에게나 이야기하지도 않았고, 과제를 해도 나 혼자서 해결하려고 했다. 어쩌면 난 여기서부터 학교생활도 혼자 하는 느낌이 들었고, 심지어는 **'학술제 괜히 도전했나...'** 라는 생각도 들게 했다.

'수학, 포기할까?'라는 마음이 정말 컸던 나는 교수님을 찾아갔다.

"교수님, 제가 수학을 정말 좋아하는 줄만 알았는데 도전해보니까 수학을 헛으로(?) 배운 것 같습니다. 하지만 마음잡고 정말 수학에 대해 공부하고 싶습니다. 어떻게 해야 수학의 본질을 찾고, 좋아할 수 있을까요?"

그런데 그 때 나에게 해주신 교수님의 말씀이 정말 와 닿았다.

"정현아, 넌 열정이 가득한 사람이야. 물론 이게 강점이 될 수도, 약점이 될 수도 있지만 장기적으로 수학한다고 하면 충분한 시간을 갖고 하나씩 하나씩 해결했을 때 네가 깨달음이 생긴다면 그것만으로도 수학 잘 할 수 있어!"

열정이 강점이 될 수도 있었지만, 약점이 될 수도 있었다는 것을 전혀 모르고 있었다. 하지만 그런 내가 충분한 시간을 가져본 적이 있나 돌아보면 정말 없었다. 과제하기 급급했고, 이해하기 바빴다. 그러다보니 수학을 했을 때 깨달음이 없었고, 그런 시간을 가졌어야 하는데 그러질 못했으니 많은 반성을 하게 된다.

"수학은 마라톤과 같다." 교수님께서 해주신 말씀이다. (중략) 한 문제를 마주할 때에도 마라톤처럼 생각할 수 있지만, 문제를 해결하고 답을 냈을 때, 혹은 증명해냈을 때의 쾌감은 말로 표현할 수 없을 만큼 짜릿하다고 말씀해주셨다.

이 맛에 수학을 하게 됐고, 5개월간의 암흑 기간을 벗어나 당일 학술

CHAPTER 2 나의 인생과 함께 한 수학

발표에서도 2위를 기록해 '금상'을 수상한 만큼 힘든 역경과 고난이 씻겨 나가는 그런 느낌이 들었던 것 같다. 이후로 수학에 대해 다시 한 번 매력에 빠지게 되었고, 교내 수학과 학술대회에서도 꾸준히 발표해 내가 다닌 학교 역사상 4회 발표라는 새로운 업적도 쓰게 됐다.

그림 2-2. 단국대학교 수학과에서 실시한 학술제(학술 발표대회) 4회 수상

나는 대학에 오고 나서부터 '수학을 좋아하는 게 아닌가보다' 싶을 때가 정말 많았다. 고등학생이 돼서도 수학을 좋아했다고 자신했던 나였지만, 교수님의 영향을 받아 수학에 대해 다시 한 번 생각할 수 있게 해주셨다. 그렇게 4년을 배우고서도 지금도 수학을 공부하고 있다는 것

에 대해 나 스스로도 감사하다는 생각을 많이 하게 된다. 어려운 학문인 것은 맞지만 정말 수학이라는 과목 하나로 여기까지 온 것에 대해 자신감을 한껏 올려준 것 같다.

Section 2.4 남들에게 뒤처지고 싶지 않았다!

대학생이 되고 나서 지금 책을 쓰고 있는 시간까지 활동을 계속해서 이어왔고, 새로운 도전이 기다리고 있는 가운데 많은 나와 친한 친구가 한 질문을 던졌던 기억이 난다.

> "정현아, 너 활동 엄청 많이 하는데 따로 하는 이유가 있어?"

내 개인적으로는 활동을 많이 한다고 생각을 하지는 않는데 주변에서는 정말 많이 한다는 이야기를 하고는 한다. 학교에서도 나랑 함께 어

CHAPTER 2 나의 인생과 함께 한 수학

울리는 후배들에게도 나보고 '대외활동 넘사벽(? 이라고는 생각하지 않지만, 학과 내에서만큼은 그렇게 불렸다.)'이라고 불러준 만큼 나만큼 하는 사람을 보지 못했는지 붙여진 별명이 되어버렸다. 그런데 활동하는 이유에 대해 물어보니까 나는 이렇게 답했다.

"나 누군가에게 뒤처지고 싶지 않았고, 뭐든 배우고 싶었어!"

어렸을 적에 많이 배우지 못했고, 배움에 있어서도 많이 더뎠던 만큼 힘들었다. 유치원부터 다니기 시작했지만 1년을 늦게 들어갔기 때문에 사람들에게 뒤처진다는 생각을 항상 갖곤 했다. 특히 대학교에 들어가서는 재수한 티를 내고 싶지 않아서 입학하고서는 같은 또래인 척 하면서 다녔던 것 같다. 재수했다고 하면 뭔가 이미지가 그럴까봐, 더군다나 나는 재수를 하지 않았는데 "재수했으면 더 좋은 대학으로 가야지, 왜 우리 대학에 왔을까?"라는 괜한 생각을 했던 기억이 난다. 하지만 얼마 지나지 않아 내 나이가 알려지고 나서는 오히려 주변에서 더 안 좋게 보고 있었다. 다가가질 못하고, 다가오질 못했다.

다른 날도 느낀 게 있었지만 유독 군 복무 중에 이런 걸 가장 많이 느꼈었다. "누군가에게 뒤처졌을 때 나에게 주어진 임무는 별로 없어져서 편할 수는 있겠지만 그렇다고 가만히 있으면 스스로의 성장은 멈춤 지시를 받는다."는 것을 떠올렸다. 내가 할 수 있는 임무는 정말 최고가 되어야 한다는 것을 느끼고 나서는 '내가 전역하고서는 정말 사람들에게 많이 뒤쳐져있을 텐데 그런 걸 느끼지 않도록 내가 스스로 찾아보고 많이 알아볼 필요가 있다.'고 다짐하고 전역했던 것 같다.

사실 뒤처졌다는 것은 남들보다 부족하니까가 아니다. 다른 사람들을 보면서

"나도 저 사람처럼 멋지게 성장하고 싶다!"

는 생각이 강했다. 발명을 통해 경험한 친구들, 수학으로 한 분야에 최고가 되려는 선배들, 그리고 교육으로 차별성 있게 자기만의 커리어를 쌓으려고 하는 후배들... 그런 사람들을 보면서 나 또한 자극을 받고 자라고 있다.

그런 것 같다. 내가 할 수 있는 분야에 최고가 되고 싶고, 내가 다룰 수 있는 것에 멋지게 이루어내고 싶은 욕심은 사람마다 가지고 있다. 하지만 그런 과정들은 쉽게 나오지 않는다고 생각한다. 고난을 이겨내고 스스로 얻은 지혜를 바탕으로 나만의 이야기를 만들어 내면서 '나' 속에 있는 잠재력을 아낌없이 드러내고 싶다. 이러한 속에서 사람들과 기쁨을 나누고 싶고, 사람들과 함께 하고 싶다.

CHAPTER 2 나의 인생과 함께 한 수학

Section 2.5 **돌아보면, 선생님께 너무 감사해요**

진로를 잡아나갔던 것에 '명제 로드 맵으로 진학한 거 아니었나?' 궁금하셨을 분이 계셨을 것 같다. 명제 로드 맵은 나만의 진로, 진학을 찾아나가기 위한 과정이었다면 이번에 작성한 내용은 외부 환경 요인으로 영향을 받았던 내용을 적어보려 한다.

내가 '수학'이라는 학문에 처음으로 충격을 안겨다 준 선생님, 하지만 그 충격이 진로로 잡혔다!

당시 중학교 3학년, 이전 2년 간 담임 선생님의 교과는 국어였다. 참고로 난 국어를 정말 싫어할 정도로 교과서 읽기도 버거웠고 무엇보다 따라가기 급급했다보니 아무래도 배우는 데에 있어서 어려움을 상당히 많이 느꼈다. 하지만 중학교 3학년, 첫 수학 선생님을 만나고 나서부터는 정말 나의 또 다른 서막이 올라오기 시작하지 않았을까 싶다.

난 원래 한문 선생님을 꿈꾸고 있었다. 하지만 수학이라는 과목을 알게 된 때가 정말 중학교 1학년 교과 담당 선생님으로부터였다. 첫 단원이었던 '집합'을 설명하시는데 칠판의 정돈 상태가 정말 깔끔했고, 무엇보다 선생님께서 쓰신 칠판을 지우개로 지웠을 때 마음이 아팠을 정도였다. 사람들은 이해하지 못하겠지만, 난 정말 글씨를 너무나 잘 쓰고 싶었고 **'선생님의 글씨체를 한 번 따라 써 볼까?'** 싶어서 수업이 끝나고도 칠판에 가서 글씨를 따라 썼던 기억이 생생하게 기억난다.

나의 첫 진로를 잡게 해주신 분은 다름 아닌 당시 중3 담임 선생님이셨던 수학 선생님! 참고로 중1 교과 담당 선생님이 중3이 되었을 때는 담임 선생님이셨다. 비록 수준별 학습이라는 제도 때문에 선생님께 수업을 듣지는 않았지만, 모르는 문제가 생기거나 더 알고 싶은 내용이 있으면 종례하고도 선생님께 질문했던 기억이 아직까지도 생생하다. 그렇게 1년 간 학교생활을 하고, 졸업식을 하는데 선생님과 이별을 해야 한다니 너무나 슬픈 나머지 눈물을 흘렸던 기억도. 그렇지만 선생님과는 지금까지 계속해서 연락하면서 지내기 때문에 가끔씩 선생님을 찾아가기도 한다.

대학생이 되고서도 교육봉사에 대한 조언들도 듣고, 수학을 배우신 선배님의 입장에서 들었을 때의 이야기를 나누면서 수학교육에 더욱 많은 관심을 갖게 되기도 했다. 정말, 선생님이 계시지 않았다면 난 수학이 아닌 다른 과목으로 뭔가를 했겠지만 이렇게까지 하지는 않았을까 싶다.

CHAPTER 2 나의 인생과 함께 한 수학

나에게 가장 영향을 끼쳤던 또 다른 사람은 고등학교 학년부장 선생님!

여러분 한 명 한 명마다 가장 영향을 많이 끼친 사람이 존재할 것이라 생각한다. 어쩌면 여러분의 어머니, 아버지가 될 수도 있고 선생님이 될 수도 있고, 한편으로는 아이돌을 보면서 꿈을 자란 연습생들도 있지 않을까 싶다. 최근 Mnet에서 방송했던 '프로듀스48'에서도 가수 겸 배우 이승기 씨의 진행과 여러 트레이너들의 지도를 받아 열심히 연습해 데뷔 무대를 갖게 된 사람들을 생각하면 가장 많은 영향력을 끼친 사람으로 '국민 프로듀서'라고 이야기할 수도 있을 것이다.

필자 또한 선생님들에게 영향을 많이 받았다. 부모님의 영향도 있고 하지만 선생님께서 없었다면 지금의 내가 없었을 정도로 상당한 부분이 있다. 그 중에서도 현재 내가 수학을 전공할 수 있도록 해주신, 그러면서 동시에 수학으로 꿈을 키워주신 선생님! 당시 선생님은 나의 은사님이기도 하지만 3년 동안 학년부장으로 맡아 오신 소중한 선생님이시다.

중학교 3학년 때 수학의 재미를 맛본 나, 하지만 과연 이 재미가 얼마나 갈 지를 잘 모르고 있었다. 정말 짧으면 그 순간에 와르르 무너질 수도, 장담할 수 없을 정도였으니 이게 내 평생토록 가질 수 있는 것인가 싶은 생각이 들었기에 불안했던 시간들이 많았다. 아무래도 명확한 대학 진학의 목표를 두고 있지 않았고 '공부만 하면 대학에 가겠지'라는 생각뿐이어서 아무 생각 없이, 어쩌면 동기 부여 없이 공부했던 것 같다. 하지만 말하기 무섭게 공부의 욕심은 점점 줄어들고 있었고 큰 생각은 안 하고 있었다.

이랬던 나에게 정말 희망의 빛줄기처럼 선생님의 수업을 듣고는 '나도 저 선생님처럼 아이들에게 수학을 재밌게 가르치고 싶다!'는 다짐을 매 시간 했던 것 같다. 선생님을 닮고 싶은 마음이 결정적으로 들게 한 선생님, 그러면서 필자는 수업이 끝나면 아무도 없는 공간에서 수학 판서를 직접 하고 설명도 스스로 해보면서 정리를 하기 시작했는데 그것이 나에게는 큰 자극이 되었다. 수학으로 정리한 나의 모습을 바라보고서 "나도 할 수 있다!"는 생각을 하게 되었고, 이런 모습을 보신 선생님께서는 정말로 큰 격려를 해주셨다.

모르는 문제가 있으면 수업이 끝나고도 선생님 뒤를 따라가 교무실로 가서 직접 여쭤보기도 했지만, 답을 가르쳐주지 않으시면서 과정을 생각해보라는 선생님의 말씀을 들으면서 수학에 대해 더 깊게 고민했던 기억이 난다. 그렇게 가르쳐주신 선생님의 모습은 정말로 두 눈에 반해버렸다.

사실 선생님께 감사한 것이 또 하나가 있다. 바로 여러 가지 활동을 할 수 있도록 기회를 제공해주신 것이다. 선생님 덕분에 총학생회 부회

CHAPTER 2 나의 인생과 함께 한 수학

장을 용기내어 할 수 있었고, 선생님의 추천이 없었다면 하지 못했을 교육과학기술부(현 교육부)에서 했던 교육정책 학생 모니터단도 하지 못했을 것이다. 그러고서 고등학교 3학년 때, 교육정책제안 발표대회를 대전광역시 대표로 출전하여 교육과학기술부 장관상(최우수상)을 받았었는데 그 때 정말 큰 선물을 받았던 기억이 난다. 만약 이런 큰 기회를 만나지 못했다면 아마 지금 대학원에서 수학교육을 하고 있지도 못했을 것이라 생각한다. 그만큼 선생님의 도움이 없었다면 아마 막막한 삶을 살고 있지 않았을까 싶다. 나에게는 너무나 감사한 존재이자 위대한 스승님이시다.

연구 과제

Set 1 | 수학에 대한 주관적 정의

(1) 여러분이 생각하는 수학은 무엇인지 한 단어(또는 두 음절)로 표현해보고, 그렇게 표현한 이유를 설명해봅시다.

(2) 수학 수업을 들으면서 장애물을 만난 적이 있습니까? 만약 있다면 어떤 내용(또는 문제)이었는지 이야기해봅시다.
(예. 중학교 3학년 때 배우는 이차방정식에서 근의 공식을 유도하지 못해 외우는 것이 너무 어려웠습니다. 등)

Set 2 | 명제 로드 맵

(1) 조건 명제(Conditional Proposition)는 가정(hypothesis)과 결론(conclusion)이 존재합니다(정의 2.1.1 참고). 이를 토대로 여러분의 명제 로드 맵(road map)을 만들어 봅시다. 반드시 진로일 필요는 없으며, 참과 거짓을 결정짓게 되면 그에 따른 다른 명제를 작성하여 5가지 이상을 표현해봅시다.
(명제 8개가 아닌 참과 거짓으로 나뉘는 가짓수가 총 5개여야 함.)

3장

수학과 함께라면

데일리 수학

Section 3.1 **수학, 왜 해야 해?**

이전의 Section 1.3에서 했던 내용을 이어서 쓸까 한다.

그림 3-1. 경기 포곡중학교 학과 멘토링 강연 중에서

CHAPTER 3 수학과 함께라면

"선생님! 도대체 수학은 왜 해야 할까요?"

그렇다. 우리는 이런 이야기를 선생님께 많이 꺼냈지만 답변은 정확히 오지 않았다. 나도 실제 수학을 4년 동안 배우고, 대학원에서 수학교육을 배우고 있지만 아직까지도 어떻게 답을 내려야지 맞는 걸까 엄청 고민하고 있다.

교육부가 제시한 수학을 볼 필요가 있을 것 같다.

교육부 고시 제2015-74호(2015.9.23.) 별책8_수학과 교육과정(제2015-74호)

- 수학과는 수학의 개념, 원리, 법칙을 이해하고 기능을 습득하여 주변의 여러 가지 현상을 수학적으로 관찰하고 해석하며 논리적으로 사고하고 합리적으로 문제를 해결하는 능력과 태도를 기르는 교과이다.
- 수학은 오랜 역사를 통해 인류 문명 발전의 원동력이 되어 왔으며, 세계화 정보화가 가속화되는 미래사회의 구성원에게 필수적인 역량을 제공한다.
- 수학 학습을 통해 학생들은 수학의 규칙성과 구조의 아름다움을 음미할 수 있고, 수학의 지식과 기능을 활용하여 수학 문제뿐만 아니라 실생활과 다른 교과의 문제를 창의적으로 해결할 수 있으며, 나아가 세계 공동체의 시민으로서 갖추어야 할 합리적 의사 결정 능력과 민주적 소통 능력을 함양할 수 있다.

표 3-1. 2015 개정 교육과정에 대한 수학과에서 필요로 하는 역량
(출처는 표 위에 밝힘)

이렇게만 보기에는 이해가 되는 부분이 있겠지만 반대로 이해가 되지 않는 내용도 존재하는 것 같다. 우선적으로 내가 뽑은 가장 큰 키워드는 3가지는 다음과 같다.

데일리 수학

"논리적 사고 / 미래사회의 필수적 역량 / 합리적 의사 결정 능력 및 민주적 소통 능력 함양"

처음에 나는 이 생각을 먼저 했다. 강연하러 갔을 때 학생들 말처럼 '대학 입시를 위해서 많은 문제를 풀어봐야 하고, 그 문제가 무엇을 의미하는지를 아는 것이 중요하지 않을까?'라고 생각했었다. 실제로 나는 강연 때 학생들에게 "지난 과거를 돌아봅시다."라고 하면서 이 내용을 꺼낸 적이 있다.

02-2 여러분이 배우는 것은 수학? 수학!
교육과정으로 살펴본 수학 (중등 1학년)

구분	단원	내용
1학년 (1학기)	수의 체계, 수의 연산	○ 소인수분해의 뜻을 알고, 자연수를 소인수분해할 수 있다. ○ 최대공약수와 최소공배수의 성질을 이해하고, 구할 수 있다. ○ 양수와 음수, 정수와 유리수의 개념을 이해한다. ○ 정수와 유리수의 대소 관계를 판단할 수 있다. ○ 정수와 유리수의 사칙연산의 원리를 이해하고, 계산할 수 있다.
	문자와 식	○ 다양한 상황을 문자를 사용한 식으로 나타낼 수 있다. ○ 식의 값을 구할 수 있다. ○ 일차식의 덧셈과 뺄셈의 원리를 이해하고, 계산할 수 있다. ○ 방정식과 그 해의 의미를 알고, 등식의 성질을 이해한다. ○ 일차방정식을 풀 수 있고, 이를 활용하여 문제를 해결할 수 있다.

출처 : 교육부 고시 제2015-74호(2015.9.23.) 별책8_수학과 교육과정(제2015-74호)

그림 3-2. 2018년도 "수학에 수학을 더한 나의 이야기" 강연 내용 중

개인적으로 느끼는 것이기 때문에 단순한 나의 소견을 적어보면 현재 교육과정에서 배우는 내용만으로는 한계가 있을 수 있다. 지금까지 우리는 아이들은 오히려 질문을 통해서 "이차방정식은 어디에 쓰나요?",

CHAPTER 3 수학과 함께라면

"원에서 성질을 다룬다고 하는데 나중에 또 나와요?" 등 다양한 의견을 제시하고 있다.

우리는 최소 고등학생 때까지 수학교육을 받는다고 하지만 사실 학생들은 수학에 대해 많이 피곤해하고 지루해하다고 느낄 지도 모른다. PISA(국제 학업성취도 평가)에 따르면, 한국의 수학 성취도는 굉장히 높은데 흥미도는 최하위를 기록한 내용이 계속해서 올라오고 있다는 기사가 계속해서 보도되고 있다. 실제, 2018 국가수준 학업성취도 평가에 따르면, "전반적으로 보통학력 이상 비율은 '국어-영어-수학' 순, 기초학력 미달 비율은 '수학-영어-국어' 순으로, 국어, 영어에 비해 수학의 성취수준이 낮음"으로 밝혔다. 또한, 교과기반 정의적 특성 중 중.고등학교 모두 수학에 비해 국어, 영어가 가치, 학습의욕이 '높음' 비율이 높다고 밝혔다(교육부, 2019). 사실 성취도로만 보면 우리나라의 교육은 굉장히 좋다고 주장할 수도 있겠지만, 흥미도가 아무래도 성취도와는 정반대로 나타나고 있어서 포기하는 시기가 어쩌면 빠를 수도 있다는 생각이 든다.

데일리 수학

그림 3-3. 아산 도고중학교 수학 진로강연 중

그렇다고 안 좋은 이야기만 있는 것은 아니다. E 방송사에서 《왜 수학을 공부하는가》에 대해 나온 내용을 인용하면, "미국의 한 취업 사이트가 조사한 바에 따르면, 2014년 최고의 직업은 바로 수학자라고 합니다. 그 다음으로 통계학자, 보험계리사와 같이 수학 지식이 필요한 직업들이 상위 5위 안에 들었는데요. (후략)"라며 설명하고 있다. 이렇듯, 앞으로의 수학은 굉장히 큰 발전 가능성이 크고 연봉도 크게 오를 것이라는 전망을 내세웠다고 볼 수 있다.

또, 한국정보화진흥원(NIA)에서 제시한 『세계경제포럼(WEF), 4차 산업혁명에 따른 일자리의 미래(The Future of Jobs, 2018)』에 따르면 "2020년까지 4차 산업혁명으로 인해 총 710만 개 일자리가 사라질 것으로 전망"한 가운데, "신기술이 새롭게 만들어낼 일자리는 210만 개"

CHAPTER 3 수학과 함께라면

라고 밝혔다. 그런데 내용을 자세히 들여다보면 비즈니스 성장에 긍정적 영향을 미칠 트렌드 Top 10에 '빅데이터 가용성 제고', '모바일 인터넷 발전', '인공지능 발전', '클라우드 기술 발전', '교육 확대' 등을 꺼냈는데 이는 수학과 굉장히 밀접한 연관이 있는 내용이다. 이외에도 산업 전반에 걸친 일자리의 미래에도 수학은 굉장히 중요한 요소로 작용하고 있으며, 앞으로 수학 문제만이 아니라 수학적 문제해결능력과 더불어 창의적 사고력을 함께 갖고 있는 사람을 고용하고자 할 것이라는 예측이 나오고 있을 정도로 수학의 비중은 갈수록 늘어나고 있다고 보인다.

나 또한 수학을 전공하고 있지만 수학만 가지고는 해낼 수 없다는 생각에 여러 가지 활동을 이어나가고 싶었다. 무언가를 더 하고 싶은 욕구 때문이었을까, 부족하다고 느껴서였을까는 잘 모르겠지만 대학교에 들어가면서부터 시도를 많이 해보고 싶어졌다.

Section 3.2 4년의 투자

지난 대학생 때의 시간을 돌아본다(그래봤자, 올해 2월에 졸업했으니까... 몇 년 되지도 않는다). 여러 일들도 있었지만 이번 추억을 돌아보면서 나의 멋진 추억을 이 한 공간에 담아보려 한다. 물론 이번에 추억을 돌아볼 내용은 4년 동안의 추억을 갖고 있는 '교육봉사' 편으로 준비했다. 424시간 동안의 봉사활동(1365 자원봉사포털 등록 시간 기준 300시간 10분, 2017년/2018년 2년 연속 연 100시간 봉사활동 달성), 그 중에서 교육봉사를 돌아보기로 했다.

데일리 수학

첫 교육봉사, 2014년 1월~2014년 2월 / 공주 반포초등학교 대학생 STEAM 교육기부(한국과학창의재단)

그림 3-4. 충남 반포초등학교(공주) STEAM 교육기부 활동 당시

농·어촌 지역에 위치한 공주 반포초등학교(2013학년도 겨울방학, 당시 학생 수는 전교생 100명이 되지 않았음), 이 곳에서 나와 함께 한 4명이 팀을 이루어 STEAM 교육을 제공했다. 팀에서도 한 사람씩 각자 다른 주제를 준비해서 학생들에게 수업을 준비해야 했던 활동이었다. 사실 엄청 힘든 시간들이었다. 교육편성에 대해 생각을 짜 본 적이 없기 때문에 처음으로 이런 거에 있어서 스트레스를 크게 받았던 것 같다.

당시의 아이들은 정말 순수했어서 점심 시간이 되었을 때에도 아이들과 함께 밥을 먹었던 기억이 난다. 3일 동안의 수업이었음에도 불구하고 그 때의 정은 잊을 수 없을 정도로 수업이 끝났음에도 불구하고 아

CHAPTER 3 수학과 함께라면

이들이 따라올 정도였으니까. 나의 첫 교육봉사, 아이들은 내가 대학생임에도 불구하고 선생님이라고 하니까 어색한 호칭에 적응하기가 상당히 힘들었지만 이 때가 계기가 되어 계속해서 교육봉사를 해야겠다는 생각을 했던 것 같다.

그림 3-5. 충남 반포초등학교(공주) STEAM 교육기부 결과물; 최소한의 재료를 가지고 살고 싶은 우리 동네 만들기

* 교육봉사 시간 : 29시간 / 2014.02.05.~2014.02.07. / 한국과학창의재단 1기 수업지도(안) 관련 우수 교육기부단 선정! *

두 번째 교육봉사, 2014년 4월~2014년 7월 / 논산 연무중학교 대학생 STEAM 교육기부(한국과학창의재단)

그림 3-6. 충남 연무중학교(논산) STEAM 교육기부 활동 당시

이 날도 잊을 수 없는 추억이 몇 가지 있다. 우선 이 학교는 근처에 연무대가 있다 보니 학생들은 군인들을 상당히 많이 보지 않았을까 싶었다. 그런데 그 때 역시 팀으로 갔는데 나를 제외한 3명이 모두 여자 후배였기 때문에 나를 향해 "선생님, 군대 다녀오셨어요?"라고 했던 기억이 난다. 그러고서 나는 군대를 가야 하는 때를 알고 있었기 때문에 "올해 12월에 갑니다!"라고 했더니 아이들은 불쌍한 표정을 지었던 게 생생히 기억난다.

CHAPTER 3 수학과 함께라면

그림 3-7. 한국과학창의재단 STEAM 교육기부 홍보대사 위촉식(정진수 전 단장)

사실 이 학교에서 교육봉사를 하게 되었을 때 선생님들께서 나에게 기대하신 부분이 상당히 컸다. 당시 홍보대사로 활동하고 있는 것과 더불어 교사 120명 앞에서 발표했을 때에도 지켜보셨다보니 아이들에게도 정말 잘 수업하시겠구나 싶었다고 직접 말씀하셨다. 그런데 어느 한 프로젝트 수업이 제대로 이루어지지 않아 쓴 소리를 듣기도 했었던 기억이 난다. 그렇지만 선생님께서 많이 도와주시고 그 조언을 잘 필기하면서 나 스스로의 성장이 이뤄졌고, 그러면서 아이들에게 가르치는 마음이 고스란히 전해지면서 선생님께서도 "정현 선생님, 훌륭한 교육자 되실 거예요! 응원합니다!"라며 마지막 날에 인사했던 기억이 난다.

* 교육봉사 시간 : 46시간 / 2014.07.07.~2014.07.11. / 한국과학창의재단 2기, STEAM 교육기부 프로그램 영상 편집 등을 실시 *

데일리 수학

세 번째 교육봉사부터는 대전광역시교육청에서 실시한 대학생 교육기부(좋은인재기르기협력단)로!

그림 3-8. 동대전중학교 교육봉사 당시 사진(대전광역시교육청)

군 복무를 마치고 나서도 교육봉사의 기억은 잊을 수 없었다. 아이들과 함께 만나면서 이야기를 나누고 싶었고, 무엇보다 아이들이 수학에 대해 관심을 많이 가지고 있지 않거나 수학을 싫어하는 학생들에게 조금이라도 도움을 주고 싶어서 시작한 교육봉사였다. 처음에는 상당히 적응하기에 애를 먹었다. 1:1 수업이었음에도 불구하고 판서를 고집하면서 진행했고, 아이들이 또 방학 때 나오기 때문에 그런 학생들이 나오고 싶어할까 하는 마음은 있었다. 그렇지만 내가 지금까지 수업하면서 아이들이 전체 결석한 적은 한 번도 없었다는 것은 아이들에게 상당히 고마운 부분이다.

CHAPTER 3 수학과 함께라면

* 교육봉사 시간 : 252시간 10분 / 2017.01.09.~2018.08.22. / 대전교육청 대학생 교육기부, 우수 단원 선정 교육감 표창 수상 *

그 동안 대학생활 동안 교육봉사를 통해 얻었던 것은 정말 많았다. 학생들과의 대화를 어떻게 해야 할까, 아이들에게 어려운 말을 쓰기에는 너무 거리감을 두고 있지 않을까. 하지만 아이들에게 가깝게 접근할 수 있었던 가장 큰 이유라고 한다면 사촌 동생의 조언 덕분이었다.

"형이 알 수 없는 말을 아이들이 할 건데, 그 말을 알아들어야 가까워질 수 있어!"

라며 아낌없는 조언을 해줬는데 그런 말 덕분에 자주 보지 않았던 유튜브도 보게 되고, 그러면서 하나씩 하나씩 공부하기 시작했던 노력이 빛을 발휘한 순간이 아니었나 싶다(이거 쓰면서 유튜브를 광고하는 건 절대 아니다).

400시간이 넘는 시간, 단순한 교육 봉사의 시간이 아니라 그 속에서 아이들과 함께 한 소중한 시간이었음을 기억하고 싶다. 그리고 이 시간이 나에겐 정말 큰 성장을 할 수 있도록 해준 그런 시간이 아니었나 싶다. 대학 생활 동안의 교육봉사는 비록 끝이 났지만 앞으로도 이런 봉사활동이 있다면 계속해서 이어나갈 생각이다. 정말 아이들에게 꿈과 희망을 전할 수 있도록 하는 그런 교육봉사로 말이다.

Section 3.3 교육봉사를 꾸준히 하는 이유

단순히 졸업하기 위한 봉사는 분명히 아닐 것이다! / 나의 첫 교육봉사

그림 3-9. 2018 단국대학교 학생강연단 단울림 '외국어대학 몽골어과' 신입생 대상 강연

우리 학교인 경우 온라인 특강을 포함해 32시간의 봉사활동(최대 6시간의 온라인 인정, 나머지는 오프라인으로 헌혈, 봉사 등을 시행해야 함)을 수행해서 제출 인정이 된다. 그런데 분명히 이 봉사활동이 이 시간으로만 끝나면 뭔가 아쉬울 것 같았고 대학교 4학년이라는 시간 동안에 의미 있는 봉사 하나쯤은 하는 게 좋지 않을까 싶었다.

하지만 봉사활동이라는 것에 대해 결코 시간의 중요성을 부여하고 싶지는 않았다. '조금만 더 하면 어때! 남을 위한 것도 있지만 그 속에서 나도 성장할 수 있지 않을까?'라는 생각, '반드시 적혀 있는 32라는 수에 맞춰서 봉사활동을 하는 건 의미가 없지 않을까?'라는 생각. 그러면

CHAPTER 3 수학과 함께라면

서 필자가 관심을 갖고 있는 교육 분야와 수학 전공을 결합해 '**나에게 딱 맞는 교육봉사를 해보면 어떨까?**'라는 생각을 하게 된 것이고 그런 봉사를 찾아보기 시작했다. 내가 갖고 있는 정보들을 남들에게도 재미있게 가르치고 싶은 마음이 컸고, 한 때 교사를 꿈꾸고 있었기 때문에 이런 경험들을 쌓고 싶어서였다.

그러면서 찾았던 나의 첫 봉사활동이 한국과학창의재단에서 주관한 '**대학생 STEAM 교육기부**'였다. 공주 반포초등학교, 논산 연무중학교에 방문하면서 아이들에게 재미난 수업을 함께, 그것도 나 혼자가 아니라 나와 함께 했던 팀원들과 했기 때문에 더욱 의미가 큰 부분이 있다. 다소 의견 충돌이 있어서 수업지도를 짜는 데에 있어서 어려움이 있었지만 갇혀있었던 나의 욕심을 잠시 풀어두고 의견을 모아서 결국 학생들이 재미있어하는 수업을 만들어낼 수 있었다.

봉사활동에 의미와 동기를 부여하다!

그림 3-10. 충남 월봉중학교 수학과 진로 특강

데일리 수학

군 복무 중 '사이버지식정보방(일명 사지방)'이라는 곳에 가서 하나의 기사를 접할 수 있었다. 바로 PISA 국제학업성취도 평가와 관련한 내용이 었는데 계속해서 수학 분야에서 성취도와 흥미도의 관계가 어긋나고 있다는 것을 본 것이다. 사실 흥미도와 성취도 사이에는 양의 상관관계를 보여야 하는데 음의 상관관계라고 하니까 뭔가 아이들이 수학을 하려는 것만 해서 그런 건 아닐까, 이러다가 '갈수록 기초 학력 수준에 도달하지 못하는 학생들이 점점 많아지겠는데?'라는 생각을 하게 됐다.

그로부터 마음을 굳게 먹었다.

"내가 정말 전역하고서 아이들을 가르칠 수 있다면 조금이나마 도움을 주고 싶다!"

그림 3-11. 서울 등명중학교 수학/수학교육과 진로 멘토링 중

CHAPTER 3 수학과 함께라면

    2016년 9월 15일, 전역하고서 나는 바로 대외활동에 뛰어들었고 한 달 하고 6일 만에 서울에 있는 한 중학교에서 학과 멘토링을 할 기회를 얻게 되었다. 그러면서 동시에 나와 함께 할 친구 3명을 모아서 팀으로 와주셨으면 한다는 이야기에 내가 직접 섭외 요청을 구하고 결국 나를 포함해서 4명이 멘토링을 실시할 수 있었다. 결론만 말하자면 수학에 관심을 갖는 아이들이 생각보다 많았다는 것을 알 수 있었고, 수학 공부에 대해서도 물어보는 학생도 있어서 내가 하고 싶은 '가르침'이라는 것을 더 깊게 생각해본 것 같다.

그림 3-12. 대전 양지초등학교 초등 5, 6학년 대상 수학과 교육봉사

데일리 수학

전역하고서 봉사활동을 계속해서 알아보던 중에 뉴스의 자막에 봉사활동을 모집한다는 내용을 보고서 홈페이지에 들어갔었다. 그런데 모집기간이 끝났었다. 그 때가 2016년 12월이었고, 혹시나 자리가 있지 않을까 하는 실낱같은 희망을 안고 교육청에 직접 전화로 여쭤봤다. 담당 주무관님께 "혹시 모집 끝났나요? 추가로 남는 자리가 있다면 어느 학교든 꼭 하고 싶어요!"라고 여쭤봤다. 원하시는 학교 리스트가 있을 텐데 우선 신청서를 작성해달라는 말씀에 휴대폰으로 급히 쓰고 제출했었다. 그러고서는 하루 뒤에 전화가 다시 왔는데 "학생이 원하는 곳은 아무도 지원 안 해서 이쪽으로 배정 시킬게요!"라는 말씀을 해주시고서는 원하는 교육봉사를 할 수 있게 됐다. 이 신청이 바로 2년 동안 내가 하고 있는 대전광역시교육청 좋은인재기르기협력단(현재 대전교육서포터즈단으로 명칭 변경되어 운영 중)이다.

그림 3-13. 우송중학교 겨울방학 수학과 보충지도 중(영상 촬영 캡쳐본)

CHAPTER 3 수학과 함께라면

이후로도 대전동부교육지원청에서 하는 대학생 POOL 대학생 자원봉사단(지금은 하는 지 잘 모르겠다)도 신청해 교육복지우선사업지원 대상자를 상대로 수업하기도 했다. 이 둘의 공통점이 있다면 부진아 지도였던지라 기초 학력을 측정했을 때 다소 부족한 학생들을 대상으로 수업을 진행하도록 되어 있었다. 이 학생들과 만났을 때 내가 정말 준비 잘 해서 아이들에게 수학에 대해 마음을 열게 할 수는 없을까 고민하면서 수업 구성을 짜고 준비했었던 기억이 난다.

지금까지 봉사활동한 시간보다 더 의미있었던 것

그림 3-14. 교육봉사할 때마다 기록으로 남겼던 내용들(개인 블로그)

확인해보니까 이런 시간을 했나 싶으면서도 한편으로는 아직 많은 사람들에게 더 나눠주고 싶고 도움을 주고 싶다는 생각을 갖곤 한다. 대전이라는 한정된 지역에서 하고 있어서일까, 이제는 전국적으로 이러한 교육기부를 통해서 많은 학생들과 소통하면서 지내고 싶어졌다. 물론, 내가 닿을 수 있는 곳까지라면 언제든 그럴 용기가 있다.

데일리 수학

그림 3-15. 대전광역시교육청 교육감 표창 시상식(대학생 교육기부 유공)

　지금까지 봉사활동 시간보다 더 의미가 있었던 것은 내가 분명히 알고 있는 거라고 하지만 아이들에게 가르치면서 더 확실히 알아가는 부분이 있다. 그리고 필자가 가지고 있는 교수법 말고도 다른 방법을 사용해 통해 아이들과 소통하는 방법을 배우면서 더 자신 있는 수업을 만들어나가고 있다는 부분에서는 정말 나의 달라지는 관점이 크게 보인다는 것이다. 비록 초등학교 교육봉사를 한다고 하지만 중학교, 고등학교도 해보고 싶고 내가 정말 손에 닿을 수 있는 곳이라면 어디든지 도와주고 싶은 게 나의 마음이다. 그리고 조금이라도 나라는 사람을 만나면서 수학에 대해 조금 더 마음을 열 수 있다면 자신감을 북돋아주고 싶고……. 이런 마음이 지금의 꾸준한 봉사활동을 하는 게 아닌가 생각한다.

그림 3-16. 대학생 교육기부 유공 교육감 표창(대전광역시교육청)

Section 3.4 활동이 곧 나에겐 콘텐츠가 된다!

사실 이 출판사와 계약을 맺고서 '**이 내용은 빠뜨리면 섭하겠지?**'라고 하는 내용이 있다. 바로 수학 프로그램인 Geogebra이다. 물론 여러 무료 소스 프로그램들이 있고, 또 유료이지만 굉장히 많이 쓰이는 프로그램(대표적으로 mathematica가 있다.)들도 있어서 Geogebra 만을 언급하기에는 다소 홍보가 강할 수 있지만, 아무래도 다룰 줄 아는 가장 자신있어하는 프로그램 중에는 그래도 Geogebra이어서 이를 중점적으로 쓰게 되는 점 참고 바란다.

Geogebra를 알게 된 때가 2013년 7월에 M 대학교 수학교육과에서 교원 연수가 있다는 것을 SNS 상으로 알게 되면서 가르치시는 선생님께 협조를 구하고 4주 동안의 연수를 같이 계시던 선생님과 함께 했던 기억이 난다.

내가 이 프로그램을 배워야겠다고 마음먹은 이유는 단 한 가지다. 학생들에게 수업할 때 그림으로 보여줄 수 있으면 이 프로그램을 활용해 이해를 돕고 싶었다. 그래서 하루도 빠지지 않고 매번 참석하면서 4주 동안의 연수를 마쳤다.

CHAPTER 3 수학과 함께라면

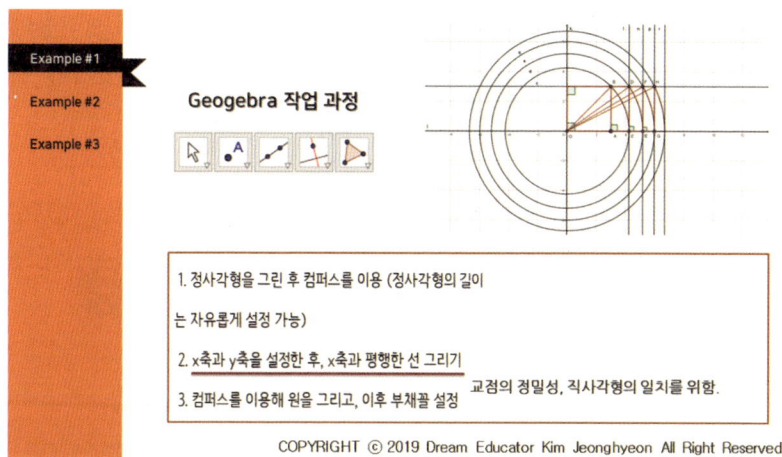

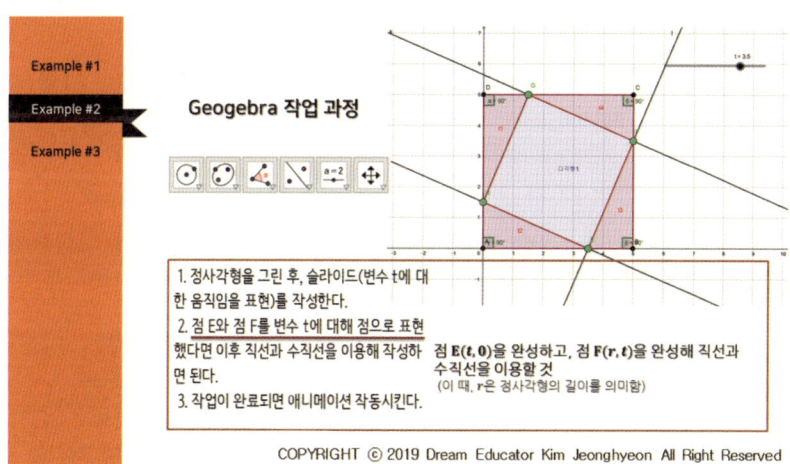

그림 3-17~18. (2019.1.31. 게재) 피타고라스의 정리를 지오지브라 프로그램으로 작업하는 과정을 PPT로 정리한 내용

이후로도 선생님들과 연락하면서 지냈는데 다음 해인 2014년에 'Daejeon Geogebra Team'을 결성하고 나도 이 모임에 들어가게 됐다.

데일리 수학

아마 선생님 열 두 분이셨나? 기억이 잘 나지는 않지만 그 많은 그룹에 나도 들어가게 되니 너무 영광스러운 자리였다. 한편으로는 부담도 되는 자리였지만 민폐는 끼치지 말자는 생각으로 임했던 것 같다.

대전 지오지브라팀(Daejeon Geogebra Team)

모두를 위한 움직이는 수학, 지오지브라!
http://cafe.naver.com/geogebrateamdaejeon

발표일 : 2014년 3월 19일 (수) 19시 00분
1차 발표 장소 : 충남여자중학교 수학과 강의실
발표자 : 단국대학교 수학과 김정현

1. 단원명 : 합성함수와 방정식 풀이
1) 2008학년도 3월 전국연합학력평가(4점)

두 함수

$$f(x)=|x|-4, \quad g(x)=\begin{cases}-x^2+4 & (x \geq 0)\\ x^2+4 & (x < 0)\end{cases}$$

에 대하여 $g(f(k))=3$을 만족하는 실수 k의 값을 α, β라 하자. $\alpha > \beta$일 때 $\alpha-\beta$의 값을 구하시오.

2) 해당학년 및 학기 : 고등학교 1학년 공통
(인문과정, 자연계열 공통으로 2014학년도 개정 교육과정에 의거 수학 I 에 수업 진행)

2. 해설
문제에 대한 해설은 아래와 같습니다.

[출제의도] 함수의 그래프를 이용하여 합성함수의 문제를 해결할 수 있는가를 묻는 문제이다.
[문제풀이] $y=g(x)$의 그래프를 그려 보면,

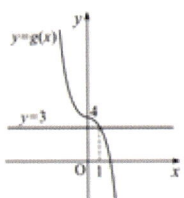

$g(f(k))=3$ 이므로
$f(k)>0$ 이고 $-\{f(k)\}^2+4=3$
$\therefore f(k)=1$
$f(k)=|k|-4=1$
$\therefore k=\pm 5$
따라서 $\alpha=5, \beta=-5$ 이다.
$\therefore \alpha-\beta=10$

3. 지오지브라 사용 명령어
1. $f(x)$의 그래프 그리기
: 절댓값이 처리된 함수인 경우는 지오지브라에서 absolute(절댓값)에서 앞의 세 글자를 딴 abs를 입력한 후 (x)를 처리하면 된다. 즉, $f(x)$의 명령은 abs$(x)-4$를 누르면 그래프가 아래와 같이 입력된다.

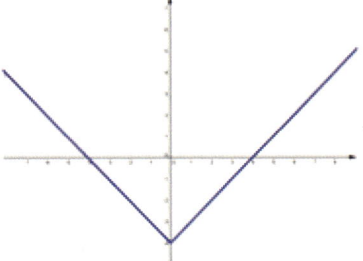

2. $g(x)$의 그래프 그리기
: 범위에 따른 그래프를 작성하기 위해서는 명령이 필요한데 그 명령은 '조건'이다. Microsoft office Excel에서 '만약 ~이면?'이라는 함수를 쓰고 싶을 때 '내'를 쓰는 것처럼 지오지브라에서도 똑같이 적용된다. 이 때 'A이면 B이다.'라는 이야기를 했을 때의 처리를 하고 싶다면 A를 먼저 입력한 후 B를 입력하게 되는 것이다. 문제에 보는 바와 같이 $g(x)$는 2가지 조건이 있기 때문에 작성하면 아래와 같은 그래프를 그릴 수 있다.

: 입력 시 "조건[$x \geq 0$, $-x^2+4$, x^2+4]"를 적용한다.

☞ 다음 면에 계속

CHAPTER 3 수학과 함께라면

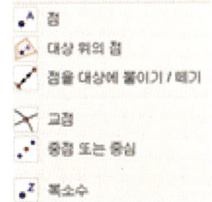

와 같이 나오는데 여기서 교점을 누르면 쉽게 확인할 수 있을 것이다.

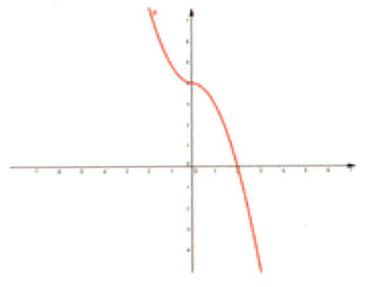

3. $g(f(x))$의 합성함수 그래프 그리기
: 합성함수는 오히려 간단하다. 두 함수 사이의 관계를 $g \circ f$로 표현하는데 지오지브라에서는 $g(f(x))$로 입력하면 모든 것이 해결된다. 단지 학생들에게 설명 할 때에는 '$g \circ f$로 표현된다.'는 정도로 기호 약속을 해줘야 할 것이다.

이 교점을 바탕으로 점이 어디에 찍히는 지, 좌표가 무엇인지를 확인할 수 있을 것이다.

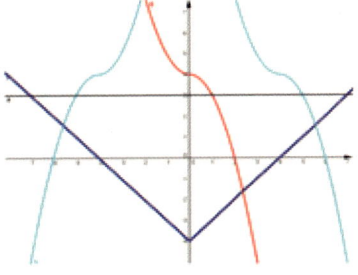

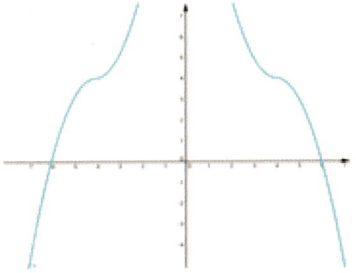

4. 함수와 방정식의 결합, $g(f(x))=3$ 처리 과정
: 합성함수 $g(f(x))$는 필자의 명령에 $h(x)$로 했다. 이 때 굳이 $g(f(x))=3$으로 하지 않아도 되며, 기하로 확인하려면 $y=3$으로 입력한 후 교점이 어디서 일어나는 지를 확인하면 오히려 간단하게 확인할 수 있다. 그 이후 교점이 나타나는 곳을 아래에 확인할 수 있다.

이 창에서 왼쪽에서 두 번째인 부분을 누르면 아래

그림 3-19~20. 2014 대전 Geogebra 교과연구회에서 당시 발표한 자료(2014.03.19. 작성)

데일리 수학

그렇게 나는 열심히 참여하려고 노력했다. 그런데 아마 대학생들이면 공감하지 않을까 싶은 것이, 7~8주차에 중간고사를 보고 15~16주차(학교마다 달라서 대략적으로 이 수치가 아닐까 싶다.)에 기말고사를 보다보니 시험 기간에는 또 참석을 못했다. 그랬던 나는 선생님들께 굉장히 죄송했고 도와드려야 하는 상황에서 그러질 못한 게 마음이 걸렸다.

이 활동이 도움이 되었을까, 내가 개인적으로 운영하고 있는 지오지브라 프로그램에 대한 자료들을 올리고 있다(최근 들어 원고 쓴다고 올리고 있지는 않지만, 이 자료 덕분에 수학 블로그로 자리 잡을 수 있었던 원동력이 되지 않았나 싶다). 2019년에 올린 자료들은 비록 7개밖에 되지 않지만 이전에도 올린 자료를 합하면 꽤 된다.

기초부터 심화까지, 그리고 교과서에 등장하지 않는 그림까지도 한 번 그려보자 했던 내용들이 내 블로그에 들어있는 만큼 굉장히 많은 작업을 했다는 것을 돌아볼 수 있었고 그런 나의 수학 공간은 계속해서 쌓고 쌓아 많은 내용을 다루고 있었다.

그래서일까, 이전에 생각했던 공간은 "지구에 우리가 살고 있는 공간", "우리 집 공간"으로만 생각했던 것이 지금은

"나만의 공간이라 하더라도 범위가 한정되지 않은 만큼 굉장히 넓고 크다."

CHAPTER 3 수학과 함께라면

고 느끼고 있다. 그런 공간을 더 넓히다보면 정말 내가 만든 공간이라 할지라도 다른 사람들은 느낄 수 없는 정말 큰 거대한 공간이 만들어지지 않을까?

Section 3.5 버킷리스트에도 없던 기자 생활!

운명처럼 다가온 기자단의 첫 활동, 교육부 블로그 기자단!

대학생활을 하면서 '기자단'이라는 건 목록에 없었다. 군 복무를 다녀오기 전만 해도 한국대학교육협의회, 한국과학창의재단 등에서 활동하면서 '봉사' 개념으로만 활동하려 했기에, 다녀오더라도 이런 활동들을 이어서 해야겠다는 생각을 하게 됐다. 하지만 꾸준히 블로그를 만들고, 한 번 블로그 이사(원래 사이트는 '수학과 교육의 아름다운 조화'로 1년 동안 활동했다가, 군대를 다녀오게 되니까 활동을 못하고 새로 만들었다.)하니까 절대적으로 내 순수한 기록만을 올리자 싶었다.

하지만 2016년 10월, 기자로 활동하고 있는 대학생을 만날 수 있었다. 참고로 그 친구는 나와 굉장히 친하면서도 발명에 정말 많은 힘을 쏟고 있는 친구였다.

"기자단 한 번 해볼래!"

여러 이야기들을 나누면서 느낀 건 정말 이런 혜택이 있는지는 정말 몰랐고, 진작에 알았다면 이런 걸 대학생 1학년 때부터 꼭 할 걸이라는 후회도 들고 했다. 아무래도 2017년 당시 복학하면 3학년이 되기 때문에 아무래도 학업에 신경 써야 할 때가 아닌가 싶어서 초반에 이런 경험을 빨리 경험했다면 어땠을까 싶었다. 하지만 이 때가 아니면 절대 할 수 없겠다 싶어서 3학년이었지만 그래도 하고 싶어서 지원을 했고, 마침내 교육부 블로그 기자단에 최종 합격을 이뤄내기도 했다.

기자단이 되고서도 많은 후회가 몰려왔다. 하지만 스스로 극복해낸 긴 여정!

난 글을 잘 못 쓴다. 사실 지금 이 글을 쓰면서도 부끄러운 실력으로 글을 쓰고 있는 것처럼 느끼고 있다. 그래서 사실 기자단이 되고서도 많은 후회를 했고, 무척 좌절을 많이 경험했다. 한 원고를 내도 수정 사항이 정말 많았고, 어떻게 글을 써야 할까 고민을 남들보다 많은 시간이 걸리기도 하고……

그렇지만 방법은 있겠지 싶었다. 기사가 나온 글은 계속해서 관심 분야가 아니어도 꾸준히 한 편의 기사 이상을 하루에 보면서 "그 안에서 느낄 수 있는 건 최대한 느껴보자!"라는 마음으로 임했던 것이 도움이 되었던 것 같다. 특히, 같이 활동하는 기자단 분들의 기사들도 보면서 글을 쓰는 흐름이라던지, 어떻게 써야 할지를 본 것 또한 큰 도움이 됐다.

CHAPTER 3 수학과 함께라면

		제목	작성일	조회
□	1718	(수정) 5월 1차_김정현_수학, 어디까지 알고 있니? 1부. 미분의 모든 것(최종)	2017.05.20.	6
□	1707	5월 1차_김정현_수학, 어디까지 알고 있니?(제목 변경) / 1부. 미분의 모든 것	2017.05.18.	7
□	1653	6월 1차_김정현_수학을 직접 느낄 수 있는 이 곳, 2017 무한상상 수학체험전에 가다(가칭)	2017.05.01.	8
□	1652	5월 3차_김정현_입학사정관과 2017학년도 합격생이 함께하는 학생부종합전형 전략법 대공개(2부) [2]	2017.05.01.	17
□	1640	5월 3차_김정현_신기하고 재미있는 수학 세계 속으로!(3부작 작성) [3]	2017.04.27.	19
□	1592	[4월 1차 기사 수정]_김정현_대학 입시 관련 내용(피드백 후 수정 자료 첨부)	2017.04.14.	10
□	1574	[2017 교육부 기자단_김정현_4월 1차] 입학사정관과 2017학년도 합격생과 함께하는 학생부종합전형 전략법 대공개 (1부)	2017.04.07.	9
□	1553	기획안_4월 1,2차 최종_김정현(제목은 상세 내용을 참고 바랍니다.) / 변경사항 있음. [7]	2017.04.01.	43
□	1494	(긴급 수정) 4월 1차_입학사정관과 2017학년도 합격생이 함께하는 학생부종합전형 전략법 대공개! (3월 3차 연장) [1]	2017.03.23.	29
□	1490	(현장취재/긴급) 3월 2차_대전광역시동부교육지원청 WEE Center 멘토 발대식 현장에 가다! (최종완료) [2]	2017.03.23.	35
□	1482	3월 2차_학교교육과정 및 대학입학전형 설명회 개최 현장(개인블로그 탑재 건)	2017.03.20.	14
□	1477	[취재공유] 〈학생부종합전형 3년의 성과와 고교 교육의 변화〉 심포지엄 / 현장취재 공유(개인)	2017.03.19.	24
□	1458	3월 3차_김정현_학생부종합전형… 선배들에게 듣는 합격의 비법 대공개!(대전 소재 대학)	2017.03.13.	22
□	1451	3월 2차_김정현_대전동부교육지원청 Wee Center 대학생단 발대식 현장!	2017.03.12.	12
□	1443	3월 1차_김정현_3월 14일은 '파이데이(pi-day)'… 파이에 대한 궁금증을 파헤치다. [3]	2017.03.10.	46

그림 3-21. 2017 교육부 기자단으로 활동하면서 제출한 기획안 및 기사 초안(수정본 포함) 일부

내가 직접 그 글을 따라 써보기도 했다. 정말 감이 잡히지 않거나 했을 때 글을 따라 써보면 내가 그 다음에 써야 할 문장이라던지, 글의 흐름이라던지 등을 짐작할 수 있기 때문에 이런 사소한 하나하나가 나에겐 글을 쓰는 데에 이득을 줬다고 생각한다. 무엇보다 블로그에 글을 쓰는 입장에서도 마찬가지이기 때문에 보다 신경을 쓸 수밖에 없다.

첫 도전 만에 일궈낸 교육부 장관 표창을 받다! 진정한 2017년의 주인공은 나야 나!

11월 30일, 나에게 한 통의 전화가 와 있었다. 그 때 정말 피곤한 나머지 낮잠을 길게 자버렸는데 부재중 전화가 와 있어서 '대체 누구시지?' 했다. 내 성격 상, 모르는 번호로 전화가 오거나 하면 "누구십니까?"라는 문자를 보내곤 하는데 그 때 다시 한 번 전화가 왔다.

알고보니 교육부 기자단을 담당하는 사무관님이셨다.

"이 저녁에 어떤 일로 전화를 주셨을까?"

난 또 취재 건인 줄 알고, '다녀오시겠어요?'라는 멘트가 들릴 줄 알았는데,

"정현 기자님, 저희 교육부 기자단에 우수 기자 후보로 선정됐는데 몇 가지 제출 사항이 있어서 연락드렸습니다."

그렇다. 여기서부터 난 정말 '내가 받아도 되는 거 맞아?'라고 생각하기 시작했고, 만약 정말 최종 선정이 된다면 정말 감개무량할 것 같다는 생각을 무척이나 했었다. 그러고서 10일 정도가 지나고서는 "공개 검증"을 하기 시작했고, 그 공개 검증에 내 이름이 올라간 걸 보고서는 '정말 내가 후보였다니!'라는 생각을 하게 됐다.

CHAPTER 3 수학과 함께라면

난 2017년도 교육부 기자단으로 활동하면서 가장 많이 게재했던 기자가 되기도 했다(당시 19건으로 공동 1위). 무엇보다 같이 받았던 세 분 중 두 분은 이미 지난번에도 기자단 활동을 하셨고, 당해에도 열심히 활동하셨기에 받는 것이 마땅하다고 생각했지만 난 당해 첫 기자단 도전이었는데 우수 기자까지 선정되니까 정말 이상했다.

공개 검증이 끝나고, 연말이 다가오고서 난 한창 교육봉사가 진행되고 있었는데 어머니께 한 통의 문자가 왔다.

"정현아, 왔다! 축하해!"

이 멘트와 함께 '교육부 장관 표창장'을 사진 찍어 보내주셨다. 그 때든 나의 심정,

"진짜다!"

데일리 수학

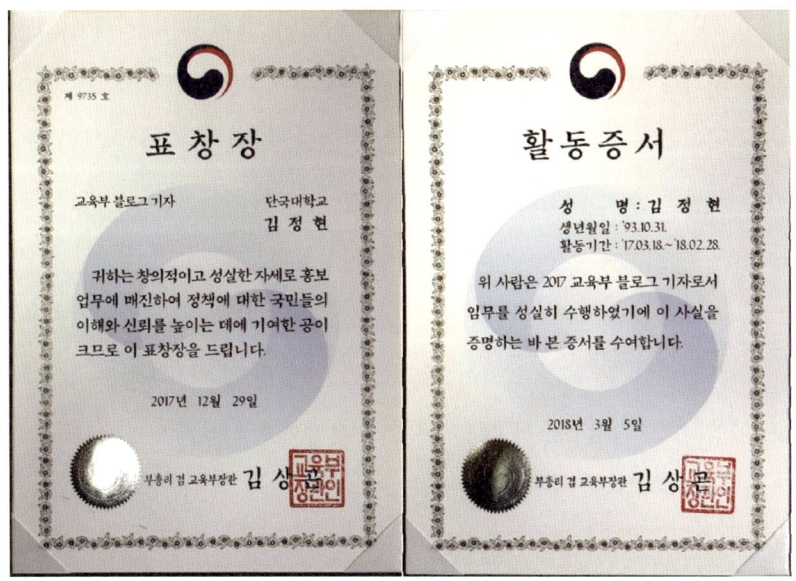

그림 3-22. (왼쪽) 교육 홍보업무유공 표창 / (오른쪽) 교육부 블로그 기자단 활동증서 (부총리 겸 교육부 장관 표창 외 1건)

무엇보다 내가 이렇게 성장할 수 있었던 건 처음에 기자단 한 번 해 보지 않겠냐는 친구의 도움도 컸지만 나와 이야기를 만들어나가기 위해 함께 해준 많은 분들이 계셨기에 감사하다고 생각한다. 그리고 작년에 했던 기자단 활동을 잊지 않고, 더 큰 열정을 가지고 더 넓은 목표를 향해 헤쳐 나가보려 한다.

CHAPTER 3 수학과 함께라면

Section 3.6 수학과 친해지려면?

우리는 지금까지 교과서, 문제집으로만 의존해왔다?

그림 3-23. 아산 도고중학교 학과 멘토링 강연 중에서

사실 필자도 문제집, 교과서에 의존해서 풀었다보니까 정말 어렸을 적에는 수학에 대해 왜 해야 하는 지 1도 몰랐다. 초등학교 3학년이 되면 하게 되는 '**구구단**'도 거의 6학년이 되서야 완벽하게 외웠고, 4학년 때 배우는 분수의 계산에 대해서도 분모가 같은데 왜 덧셈, 뺄셈에서는 같아야 하는 지에 대해서도 몰랐다. 그런데 또 계산만 있는 문제들로만 구성된 게 있었는데 실수를 줄여야지라는 어머니의 말씀에 그것만 진짜 몇 권을 풀었는지 모른다.

하지만 돌아보면 수학이라는 과목이 나에게는 '**흡수**'를 잘 못했던 과목이었던 것 같다. 여기서 이야기하는 '흡수'는 선생님께서 말씀하실 때 내용을 완벽하게 숙지했는지를 의미한다. 그런 게 되지 못했다보니 단순히 계산으로만 끝나고, 응용은 하나도 되지 않았던 나였다. 내가 배운 교육과정에서는 초등학교에서 가장 마지막으로 등장했던 '**문제 푸는 방법 찾기**'라고 해서 일명 문제가 길고 제대로 이해해야만 제대로 문제가 풀리는 문장 문제였다. 하지만 단순히 계산만을 해왔던 나였기에 이런 문제가 나왔을 때는 진짜 10분 넘게 읽어가면서 문제를 힘들게 이해하고 풀었던 기억이 난다.

문제집을 보게 되면 어느 문제집은 난이도가 낮아서 금방 푸는 문제들이 있고, 한편으로는 다른 문제집은 난이도가 높아서 내 능력으로는 풀지 못하는 문제들도 있기 마련이다. 그런데 사람이라는 게, 맞는 걸 좋아하지 틀린 걸 좋아하지는 않다보니 비교적 쉬운 문제들만 풀었던 기억이 난다. 그러다가 놓친 부분이 있으면 교과서 보고. 이렇게 초, 중학교 때는 공부했었다. 고등학교 때까지 그랬고. 하지만 요즘 트랜드라고 할 수 있는 '**신개념 문제**'들을 만나면 숨이 '턱' 막히는 듯한 느낌이 들면서 정말 오랜 시간동안 문제를 고민했는데 그럼에도 불구하고 풀지 못했던 문제들이 정말 많았다. 그래서였을까, 나는 정말 자존감이 무너진다는 것을 어떻게보면 여기서부터 깨달은 것 같다.

CHAPTER 3 수학과 함께라면

초등학교, 중학교, 고등학교... 가면 갈수록 어려워지는 수학?

그림 3-24. 대전 대양초등학교 수학과 여름방학 교육봉사 중

우리가 현재 배우고 있는 수학은 '2015 **개정 교육과정**(점차 확대하여 전 학년으로 가는 과정)'이다. 나는 초등학생 때까지만 해도 '**아, 배울 만하네!**'라고 생각했던 것이 중학생이 되면 '**미지수**'를 만나고, 갑자기 x, y 등의 영어가 등장하고 압축된 기호들을 사용하니까 '이게 뭐지?'라는 반응을 보이기 시작한다고 한다. 그러다가 고등학생이 되면 '**헐!**' 알 수 없는 함수가 등장하면서 이 함수를 미분하거나 적분하는 계산이 등장하고... 결국에는 수학은 점점 더 어려워진다는 말이 정말 학년이 올라갈수록 체감을 크게 느끼고 있는 건 사실이다.

나도 수학을 전공했고 대학원에서 수학교육을 배우면서 느낀 것은

데일리 수학

"갈수록 정말 어려워지고, 우리가 알지 못했던 용어들이 정말 많이 등장하는구나!"

를 알았다. 초등학교, 중학교 때까지는 사칙연산으로 배웠던 것이 고등학교에서부터는 '이항연산(Binary Operation)이라 부르는구나', 교환법칙과 결합법칙, 항등원과 역원이 존재했을 때를 고등학생 때는 암기했는데 대학생이 되고 나니까 이걸 '가환 군(Abelian Group)이라고 하는구나', 함숫값과 극한값이 같았을 때를 연속으로 배웠지만 대학생이 되고 위상수학을 배우고 나니까 '역상이 open set일 때 연속이라 하는구나'… 정말 여러 가지 의미를 두고 있기 때문에 하나만 생각할 게 아니라는 것을 알게 됐다.

그래서 시작했다! 사소한 것에도 수학과 연관지어보면 어떨까?

그림 3-25. 대전 용운초등학교 수학과 겨울방학 교육봉사 중

CHAPTER 3 수학과 함께라면

나의 학부 논문지도교수님이신 교수님께서 해주신 말씀이 있다. "위상수학은 사람과 사람 사이의 애정의 관계다." 이 말씀을 해주셨을 때 도무지 이해하지 못했다. '위상수학이 사람들 사이의 관계라고?' 전혀 알지 못했다. 하지만 한 학기를 지나고 나니까 약간씩 이 말씀에 일리가 있다는 생각을 하게 됐다.

나는 대학교 1학년 때부터 수학과를 대표하여 학교에 직접 방문하여 학생들에게 진로특강을 진행한다. 가장 대표적으로 기억난 것이, 작년에 학생들에게 '스트링스(Strings)'라는 게임을 소개한 바 있다. 2년 전에 수학교사 한마당 때 취재 차 연수를 듣다가 알게 된 게임이다. 원래는 '**카드 40장이 있는데 그 중 20장을 뽑았을 때 무작위로 숫자를 오름차순으로 배열. 하지만 한 번 작성했다면 지울 수 없다.**'는 특징을 가진 게임이다. 나는 카드 대신 사람의 심리와 결합해서 '사회자라면 어떤 숫자를 부를까?'를 생각해 만든 직접 재구성해서 만든 게임으로 했는데 학생들이 굉장히 재미있어 했던 기억이 난다.

아이들은 '**수학을 결합한 게임**'이라고 이야기해주면 처음에는 질색한다. 하지만 오름차순의 개념을 설명하고 게임을 직접 해보니까 정말 뜨거운 반응을 보이면서 "**이렇게 일상 속에서도 게임이 적용되는구나!**"라는 것을 깨닫고는 '**이런 게임 처음 들어봤다!**'는 이야기들이 정말 많았다. 펜, 종이만 있으면 누구나 쉽게 할 수 있는 게임이다 보니 부담도 별로 없고, 원리를 알면 수학을 처음 접한다 할지라도 닫혔던 마음이 열리지 않을까 기대하고 있다.

데일리 수학

요즘은 수학과 일상을 같이 생각해서 '**내가 지금까지 모르고 지나쳐 온 걸 몸소 깨달아보자!**'는 생각으로 여러 가지 현상들을 수학으로 바라보고 있다. 등교할 때 괜히 두 개의 엘리베이터에 숫자를 보고 곱해보고 싶고, 나머지를 구해보고 싶어지기도 한다. 필자가 이렇게 하는 이유는 좀 더 가슴에 와 닿고, 두 눈으로 직접 보고 싶어서다. 왜 우리는 학번이라는 걸 부여받았는지, 왜 미분과 적분이 우리 삶에서 필요한지, 우리가 지금 있는 이 공간을 넘어서서 우리 눈으로 볼 수 있다면 어떤 현상이 그려질까 등... 이렇게까지 하는 이유는 조금씩 수학에 대해 마음의 문을 열고 싶어서, 수학이라는 학문을 직접 우리가 볼 수 있다면 그야말로 좋은 도구는 없다고 생각해서다.

그림 3-26 STEAM 교육기부; 공주 반포초등학교 교육봉사 활동 중 사진

CHAPTER 3 수학과 함께라면

Section 3.7 나만의 수학 필기

줄 공책에서 A4용지로 바꾸고 고집한 이유

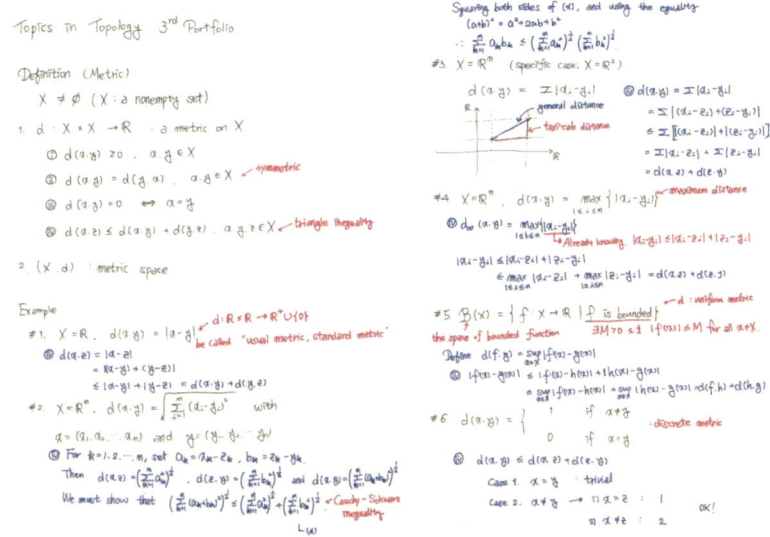

그림 3-27. 현재 대학원에서 수강하고 있는 위상수학특강 수업의 필기

대학교에 오면서 달라진 나의 공부법은 달라졌다. 원래는 줄이 있는 공책을 줄곧 써 왔지만 대학부터는 A4용지를 쓰면서 달라졌다. A4용지라는 공간은 사실 줄도 없고 정말 하얗게 있기 때문에 막상 적으려 하면 어떻게 적어야 하지부터 생각하기 마련이다.

하지만 나는 문득 생각이 든 것이, 교수님의 판서를 다시 재구성해서 내가 칠판에 쓰듯이 쓰면 어떨까라는 생각을 하게 됐다. 칠판은 줄도 없을 뿐더러 판서에 정말 혼(魂)을 담아 쓰는 교수님이면 정말 아름답게 써 내려가기 때문에 그런 연습을 직접 했던 것 같다. 지도하셨던 교수님 모두 판서에는 교수님만의 혼이 있었고 나는 그런 교수님의 모습을 따라하고 싶었다. 비록 수학적 감각이 많이 부족해서 실력을 많이 쌓지는 못했지만 매 수업시간마다 교수님과 대화를 하고 싶을 정도로 질문도 많이 하고 맨 앞자리에 앉아서 수업을 들었다보니 A4용지에 적은 내용들은 굉장히 빼곡히 적혀 있었다.

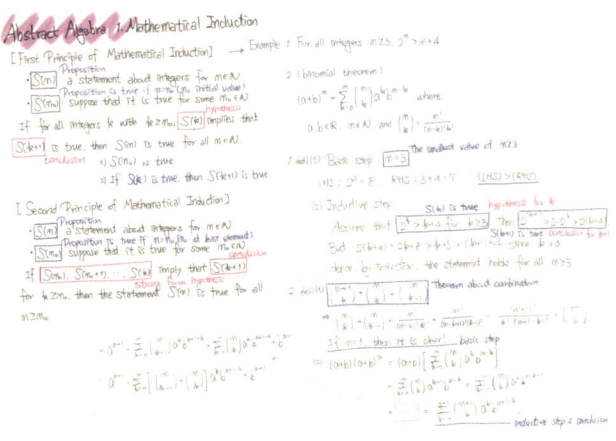

그림 3-28. 수학적 귀납법 필기 내용

난 이 상태를 끝이라고 생각하지 않고, 다시 A4용지를 꺼내 옮겨 적는다. 하지만 이 때 그대로 옮겨 적는 게 아니라 '내가 판서를 했더라면?'이라는 마음으로 다시 쓴다. 내가 이렇게 적는 이유라고 한다면, 내가 직접 설명을 하는 입장이 되었을 때 막힘없이 이야기할 수 있는지에 대해 스스로 물음을 던질 수 있고 이에 대해 답을 할 수 있는 시간을 가질 수 있기 때문이다. 그래서 항상 수학을 할 때에는 그냥 적지 않고 말을 하면서 내가 직접 설명했을 때 이해할 수 있는 지를 물어보면서

CHAPTER 3 수학과 함께라면

글씨를 쓰기 때문에 보다 정확하게 글씨를 쓸 수 있기 때문이다.

대학원에서 교직 교과목을 들은 올해 1학기, 그 중에 교육공학에서 다루는 내용 중에서 테크놀로지(technology)를 배우는데 그 개념 중에서 판서도 이에 해당한다. 그렇지만 수학인 경우에는 정말 문장 하나하나를 다 쓴다고 생각하면 굉장히 길어지기 때문에 학생들이 판서를 바라봤을 때 너무 지루해할 수 있기 때문에 학생들이 명확하게 이해할 수 있는 내용만을 판서에 담고 중요한 부분은 말과 함께 체크를 해 가면서 하는 것이 좋다고 생각한다. 그래서 지금 어쩌면 나의 블로그에 작성하는 콘텐츠 중에서 "한 장으로 보는 수학"이 대개 그런 부분이라고 할 수 있다.

종이에 적는 한 편의 이야기

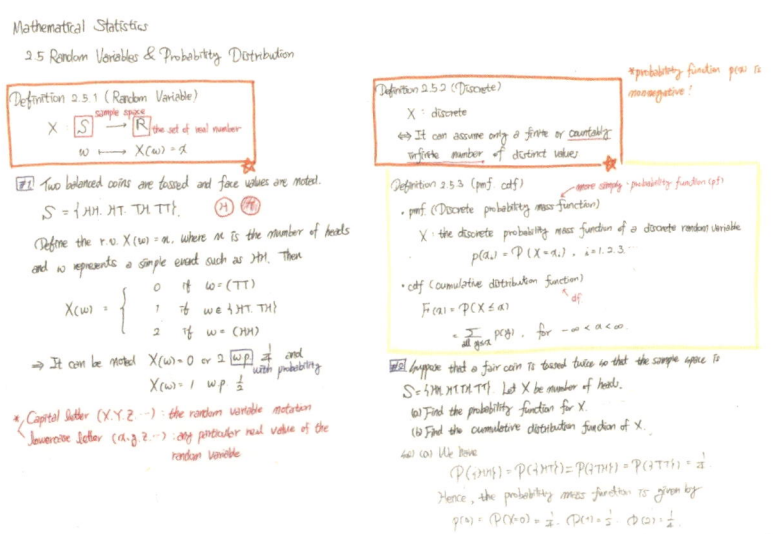

그림 3-29. 수리통계학에서 등장하는 확률변수와 이산확률분포 필기 내용

데일리 수학

수학을 배우는 가장 큰 이유 중에 대개는 '논리(logical)', '창의(creative)'를 꺼낸다. 하지만 지금 이야기하는 **"내가 수학을 배우는 이유"**에 대해서는 '**어디에서도 접할 수 없는 위대한 이야기**(story)'를 알아볼 수 있기 때문이라고 생각한다.

나는 대학교에 오면서 종이에다가 수학을 쓰고 있지만 요즘 들어 반성하고 있는 것은 "필기한 걸 하나하나 모으고 정리했어야 되는데"라는 생각이 크다. 평생 수학을 공부하는 사람이기에 '교수님께서 필기하신 내용을 그대로 가지고 있다가 꺼내보면서 읽어봤어야 하는데'라는 아쉬움과 후회가 남지만, 대학원에 들어오면서부터는 교수님께서 필기하시는 내용을 정말 하나하나 모아두고 있다.

그런데 교수님께서 말씀하시는 부분마다 어느 한 부분의 내용이라도 이것이 '이야기'로 들린다. 대학생 때까지만 해도 분명히

'수학은 공리를 외우고, 정의를 알고 난 후에
정리를 증명해야 한다.'

는 내용이었다면 지금은 이런 과정 자체를 이야기로 받아들이니까 좀 더 수월하게 다가오고 있다. 예를 들면, 중학생 때까지만 해도 '거리(distance)'라는 내용은 '두 점 사이의 길이'를 의미하면서 이를 피타고라스의 정리(Pythagoras theorem)를 사용하여 이야기를 꺼내지만 대학교 위상수학(topology)에서의 거리에 대해서는 공집합이 아닌 집합을 꺼내고, 거리 함

수(distance function)를 주면서 거리 공간(metric space)을 새로 꺼내기 때문에 범위가 확장되는 것도 일리는 있지만, 새로운 개념이 아니라 뭔가 더 정리되는 이야기를 선물해주는 그런 글들을 만날 수 있다.

종이에 적는 것이 지금 현재로서는 공부를 하는 목적으로만 쓰고 있다면, 이를 이제는 실생활과 접목시켜서 재미를 느낄 수 있는 이야기를 써 보고 싶어진다. 그런 마음이 지금 현재로서의 목표랄까?

그림 3-30. 2019 교육부 국정과제 중간보고회 토론회에 다녀온 사진

Set 1   수학에 대한 나만의 생각

(1) 수학이라는 교과목에 대해서 많은 사람들은 "사칙연산만 하면 되지, 왜 미분과 적분을 알아야 하고 알 수 없는 기호들을 배워야 해?"라고 합니다. 이렇게 수학을 싫어하는 사람들을 자리에 앉히고 강연을 해야 하는 자리라면 여러분은 어떤 이야기로 강연 자리를 만들고 싶습니까? 자유롭게 이야기해봅시다.

Set 2   수학 콘텐츠 개발

(1) 여러분은 이제 기자가 되었습니다. 많은 콘텐츠를 생각하고 이를 바탕으로 기사를 쓰게 될 것입니다. 만약 상급자가 여러분에게 "이번 기사는 수학을 주제로 한 번 써 보자"라고 했다면, 여러분은 어떤 기사를 쓰고 싶습니까? 그리고 그렇게 정한 이유는 무엇입니까?

(2) 이번에는 영상을 찍어야 하는 유튜버가 되었다고 합시다. 여러분이 배운 수학 중에서 어떤 단원(또는 내용)을 촬영할 것인지 이야기하고, 이를 시행하기 위해서 어떤 구성으로 촬영에 임할 것인지 이야기해봅시다.

Set 3 수학 필기법

(1) 여러분만의 수학 노트 필기에 대해 ①나만의 노트 필기법을 소개하고, ②이렇게 했더니 좋은 성과 또는 개인적으로는 별 효과가 없었다 등 다양한 의견을 이야기해봅시다.

4장

수학 일기

데일리 수학

제4장 수학 일기

Section 4.1 이상한 생각

함수를 배우고서 문득 떠오른 이상한 생각

때론 수학으로 이상한 생각을 할 때가 있다. 어떻게 보면 엉뚱한 생각일 수도 있지만, 한편으로는 정말 고민해야 할 과제가 될 수도 있다고 생각이 드는 내용이다.

정의 4.1.1
(수직선; a real line)
어느 한 직선에 점을 찍어 수와 대응시킨 선

CHAPTER 4 수학 일기

우리는 수직선을 초등학생 때부터 배우고, 이후로도 절댓값(absolute value)을 배우면서 수직선에 대한 개념을 계속해서 배워나간다. 이 때 수직선 또한 직선이기 때문에 다음과 같이 그려져야 맞지 않을까 하고 생각했다.

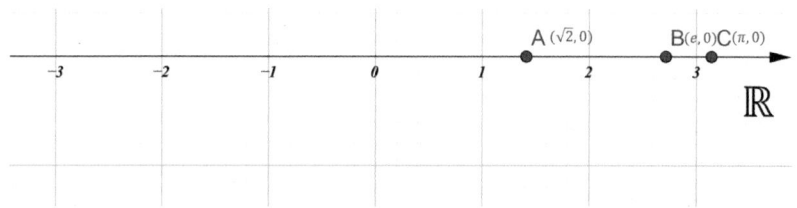

그림 4-1. 수직선 표현 (점 A, B, C는 각각 $\sqrt{2}$, e, π를 표현함)

하지만 배우면서 이상한 생각이 들었다.

"왜 x축과 y축을 그릴 때 반직선으로 그을까?"

반직선의 개념이라고 한다면 대학교에서 배우는 개념으로 대입하면 '벡터(vector)'가 될 것이고 이것을 초등학교에서 배우는 개념이라고 한다면 '한 쪽에만 화살표가 있고, 다른 한 쪽에는 없어서 화살표가 있는 방향으로만 계속해서 나아간다.'고 할 수 있다. 그런데 함수를 배울 때만큼은 직선이 아닌 반직선으로 두 축을 그려 직교좌표를 만들어나간다. 왜 그랬을까 싶어졌다.

데일리 수학

이후 나만의 상상을 그려나갔다.

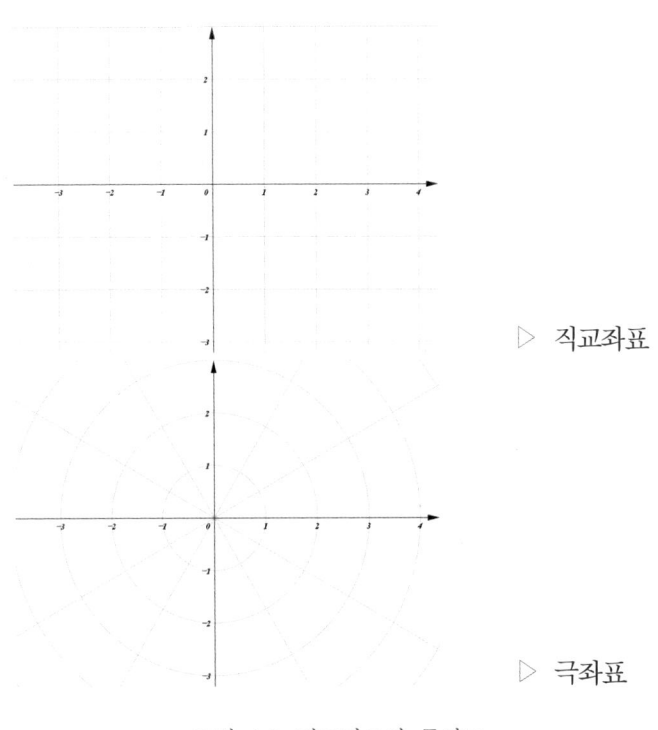

▷ 직교좌표

▷ 극좌표

그림 4-2. 직교좌표와 극좌표

Q1. 왜 직교좌표였어야만 했나?

우리는 수능을 보기까지 항상 직교좌표로만을 배우는데 대학교에서 배우는 내용을 보니 이상한 좌표들도 볼 수 있었다. '극좌표', '사교좌표'가 2차원에서 그릴 수 있는 좌표라면, 나중에는 3차원에서도 '원기둥 좌표', '구형 좌표'가 또 있다 보니 별에 별 이상한 생각들을 다 하게 했다.

CHAPTER 4 수학 일기

그래서 만약에 학생들에게 두 개의 축을 가지고 그릴 수 있는 최대한의 여건을 그리게 하고, 이후 '이제 좌표를 찍어보세요!'라고 했을 때 어떻게 표현하게 될지 굉장히 궁금하게 만든다.

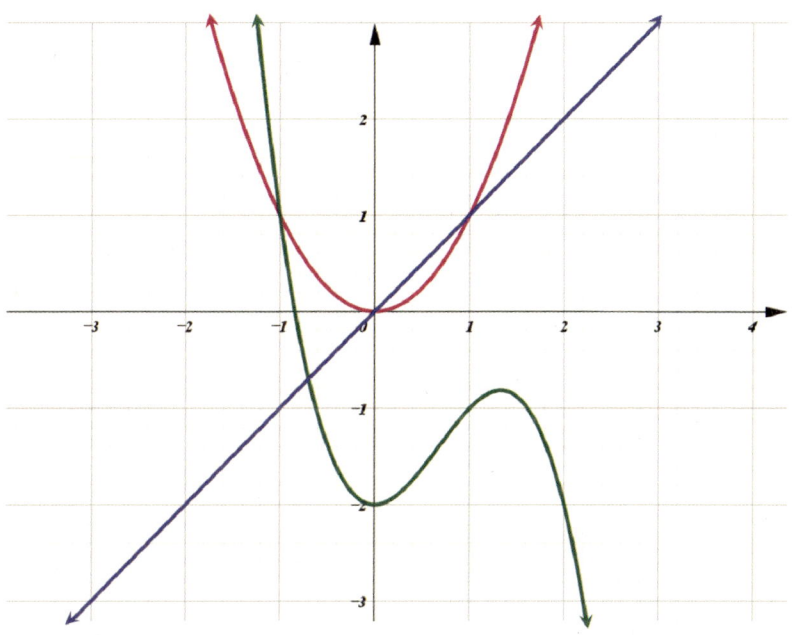

그림 4-3. 각 함수의 그래프에 대하여 화살표를 표시했을 때의 그림

Q2. 화살표가 너무 보기 흉했을 것이다?

사실 직선이라고 했지만, 그랬다면 그려지는 곡선이나 직선도 화살표로 표시되었어야 하지 않을까 싶다. 계속 나아가니까. 그런데 함수가 여러 개여서 그에 따른 그래프를 그린다고 하면 얼마나 많은 화살표를 그려나갈까 싶어지는 것이다.

데일리 수학

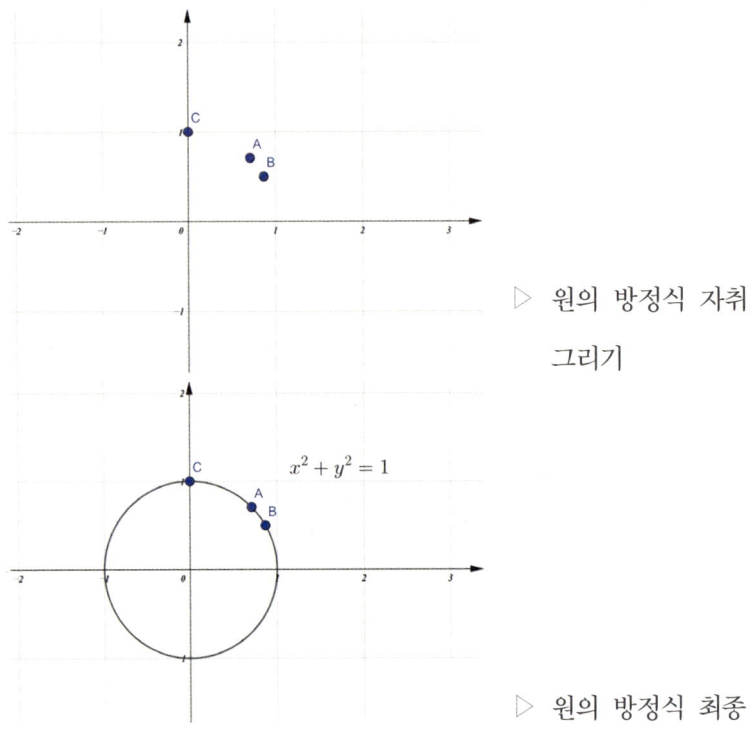

▷ 원의 방정식 자취 그리기

▷ 원의 방정식 최종

그림 4-4. 원의 방정식($x^2+y^2=1$)을 그려나가는 과정

Q3. '이럴 것이다?'

항상 고민이었고 수업할 때 어떻게 이야기해야 하나 싶을 정도의 이상함. 바로 '이럴 것이다'라는 용어다. 함수, 특히 이차함수를 배울 때 우리는 좌표를 찍어두고 '포물선 모양으로 그려질 것이다'라고 예측을 한다. 그런데 한편으로는 어쩔 수 없겠구나 싶은 것이 모든 실수를 다 대입할 수는 없는 것이 가장 크다. 그래서였을까, 삼각함수나 지수함수, 로그함수를 통칭하는 초월함수도 하나씩 대입할 수 없어서 '그래서 이

렇게 될 것이다'라고 이야기하는 것 같다.

함수를 배우고 나서 든 생각이 이것 말고도 더 있을 수 있겠지만, 제일 궁금했던 건 아마 이렇게 3개였지 않았을까 싶다.

Section 4.2 보이지 않는 닫힌 집합을 허물어야 한다!

닫힌 공간보다는 열린 마음으로, 고정관념의 경계를 허물자!

정의 4.2.1

(ϵ-근방; ϵ-Neighborhood)

하나의 점 $x \in \mathbb{R}$ 가 있어서, 양의 실수 $\epsilon > 0$에 대하여 열린 구간

$$(x - \epsilon,\ x + \epsilon)$$

을 점 x의 ϵ-근방이라고 부른다.

- 기초해석학 개정판(제 2판) 중에서

수학이라는 과목을 좋아하게 되면서부터 나는 정말 수학이라는 한 과목에만 열심히 공부하기 시작했고(고등학생 때까지) 대학생이 되어서는 늦깎이 교육학을 공부하기 시작했다. 여기서 함정은 교육학을 공부하고 있었다고 하지만 이론적인 교육학이 아니라 현장실습 중심의 교육학이었다. 그러다보니 내 성격상 한 가지에 사랑에 빠지면 다른 것은 생각하지도 않는다. 어쩌면 지금 나는 수학교육학과 연애 중이라고 말할 수 있을 정도(수학교육학과 연애라고 표현하고 싶은, 그런 지는 한 5년?)이지 않을까?

데일리 수학

그림 4-5. 하얀 눈이 내리고서 찍은 대전의 어느 한 터널

하지만 문득 든 생각이, "**분명히 나는 수학도 좋아하고 교육학도 좋아하는데 닫힌 마음으로 있다가는 나 혼자 삭히게 되지 않을까?**" 싶어진 것이다. 지금으로 말하자면 수학도 좋아하고 싶고 교육학도 좋아하고 싶은 마음이다. 참고로 이 둘을 합친 것이 결코 수학교육은 아니다. 그렇지만 지금 내가 이렇게 다양한 활동들을 이어왔고 어려운 성장 속에서도 이렇게까지 자란 것은 스스로도 감사하게 생각하고 있지만 빠뜨린 것이 있다면 Closed와 Open 사이의 Boundary 부분이다.

CHAPTER 4 수학 일기

정의 4.2.2

(열린 집합과 닫힌 집합; Open set and Closed set)
실수 $\mathbb{R}$ 의 부분집합 U는 다음을 만족할 때 열린 집합(open set)이라고 부른다.
집합 U에 속하는 임의의 점 x에 대하여 그 점을 포함하는 어떤 열린 구간(open interval) (a, b)가 존재하여 그 구간은 집합 U에 포함한다. 다시 말하면, $x \in (a, b) \subset U$를 만족한다.
한편, 집합 F에 대하여 이의 여집합(complement) F^C이 열린 집합이면 이 때 F는 닫힌 집합(closed set)이라고 부른다.

여기서 이야기하는 Open은 Open Neighborhood를 의미하고, Closed는 Closed Neighborhood를 의미한다. 그런데 잘 보면 Open과 Closed 사이에는 굉장히 두꺼운 벽이 존재하는데 그 벽이 바로 Boundary(경계)이다. 경계점이 될 수도 있고, 경계선이 될 수도 있다. 하지만 이 경계는 서로 들락날락을 할 수 있는 정도가 아니기에 넘어가기에는 굉장히 힘든 그런 경계다.

사람을 대할 때에도, 학문과 소통할 때에도, 뭔가 정리할 때에도 나는 항상 내 고정관념에 치우쳐있어서 Closed에서 벗어나지 못했다. 하지만 벗어나기 위해서는 엄청난 힘이 필요했고 그 힘은 내 본연의 의지에서 나오는 것만은 아니었다. 바로 Complement라고 하는, 여집합을 생각하면 되었던 것이다. Open의 여집합이 Closed가 되는 어마어마한 수학적 정의가 있는데, 최근 들어 '이걸 내가 왜 생각 못했지?' 참 후회할 만하다.

어쩌면 연애에 있어서도 두려움의 존재가 있다면 본인을 둘러싼 공간이 닫혀 있는 것을 의미할 지도 모른다. '성적이 왜 안 오르지?'에 있어서도 분명히 할 수 있는 방법이 존재할 텐데 그 방법을 찾기가 어려운 Boundary가 있을 지도 모른다. 하지만 우리는 생각할 수 있다. 반대로 생각하면 Open이 되고, 결국 해결책을 찾는다고.

Section 4.3 당신은 사랑받기 위해 태어난 사람

그림 4-6. 하트 매개함수 그래프의 응용(회전과 확대를 이용하여)

CHAPTER 4 수학 일기

$$(x(t),\ y(t)) = \left(16\sin^3 t,\ 13\cos(t) - 5\cos(2t) - 2\cos(3t) - \cos(4t)\right)$$

위의 식이 바로 변수 t에 대한 매개변수 방정식으로, 이를 표현하면 하트 모양이 된다. 물론 t의 범위는 $-\pi$부터 π까지로 정한다.

나는 이 하트를 보면서 하나의 가사가 떠오르기 시작했다.

"당신은 사랑받기 위해 태어난 사람,
당신의 삶 속에서 그 사랑 받고 있지요"

바로 '당신은 사랑받기 위해 태어난 사람'이라는 동요다. '사랑', 어떻게 이야기할 수 있을까? 오쇼 라즈니쉬(Osho Rajneesh)가 쓴 『사랑이란 무엇인가』에 따르면 "사랑은 나눠주는 것이며, 탐욕은 쌓아두는 것이다. 탐욕은 결코 나누어주지 않는다. 사랑은 오로지 주려하며 보답을 바라지 않는, 조건 없는 나눔이다"라고 했다. 나는 이 문장을 보고서 '대체 사랑은 무엇일까?'에 대해 고민하기 시작했다. 누군가와의 사랑을 해본 적이 없었기에……. 사실 이 내용을 쓰면서도 이걸 쓸까 말까 엄청 고민했지만 그래도 이 매개변수 함수를 보면서 떠오르는 감정이 생겨서 마음 다 잡고 쓰고 있다.

나는 수학이랑 사랑에 빠지고 싶었던 대학생이었다. 그리고 대학원생이 된 지금은 수학교육학과 사랑에 빠지고 싶어 한다. 수학이 어렵고

데일리 수학

지루한 학문이라지만 파고들면 굉장히 새롭고 알아갈수록 더 관계가 깊어지다보니 사람이 아니더라도 학문과 연애할 수 있다는 것을 알게 되었다. 지금은 정말 수학이라는 친구를 옆에 둬서, 그리고 나와 평생 함께 할 거라는 생각에 더욱 기대되는 하루하루를 보내고 있다. 어쩌면 그런 친구 때문에 이렇게 수학으로 책을 쓰고 있는 것이 아닐까 싶다.

사랑이라는 존재에 대해서 아직 모르는 사람이기에 정의를 내릴 수는 없겠지만, 분명한 것은 우리는 어렸을 적부터 계속해서 사랑을 받고 싶고 하고 싶은 것이다. 그 사랑이 지속되기 위해서는 나의 노력도 있어야 하겠지만 타인의 노력도 굉장히 많이 필요로 하지 않을까, 그래야지 오래토록 사랑할 수 있지 않을까 싶다.

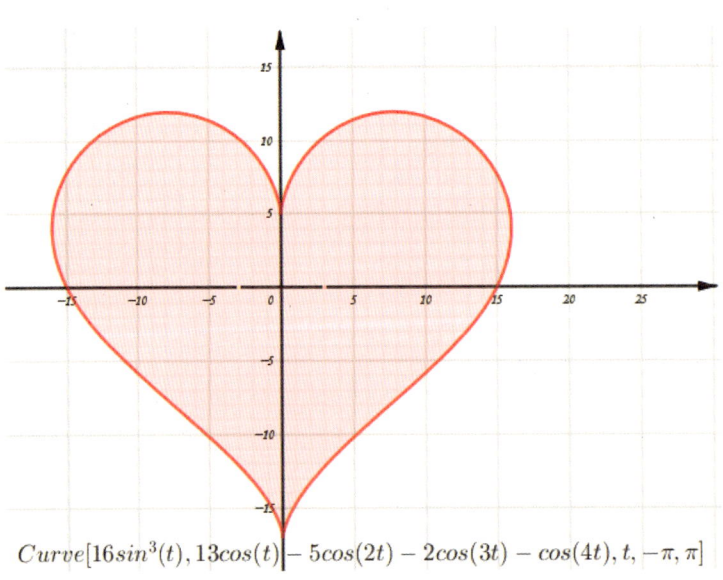

$Curve[16sin^3(t), 13cos(t) - 5cos(2t) - 2cos(3t) - cos(4t), t, -\pi, \pi]$

그림 4-7. 하트 매개함수 그래프를 지오지브라 프로그램으로 입력했을 때

CHAPTER 4 수학 일기

Section 4.4 **비상하라, 정현아!**

함수를 입력해 그려본 나비의 형태는?

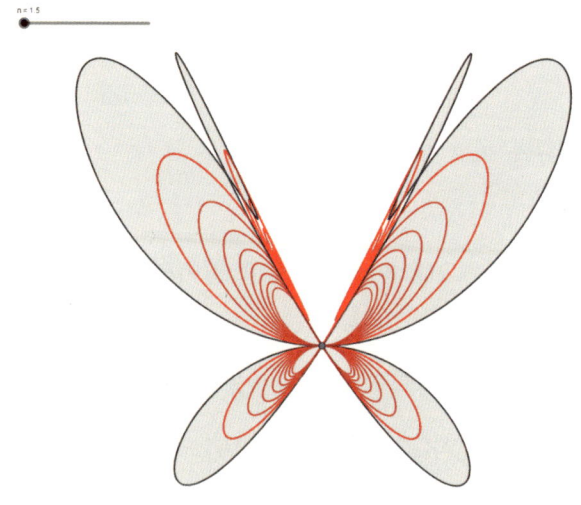

그림 4-8. 나비 함수의 그래프

$$(x(t),\ y(t)) = (\sin t + \sin 2t + \sin 4t,\ \cos t - \cos 2t - \cos 5t)$$

함수 찾아내기 정말 힘들었다. 언제 한 번 삼각함수 형태를 가지고 세미나 발표 한 번 해볼까 싶어졌다. 정말로 많이 힘들었고 좌절했던 나의 모습을 최대한 지우고 앞으로의 행복한 일에 대해서만 생각해보기 위해 작성하는 내용을 담았다.

삼각함수 형태를 보면 앞의 x좌표는 다 더하기를, y좌표는 다 빼기를 사용했고 규칙적인 패턴보다는 약간 불규칙적인 걸 보여야 뭔가

도형이 더 새롭게 와 닿지 않을까 해서 앞에는 1, 2, 4를 사용했고 뒤에는 1, 2, 5를 사용했는데 나비 모양의 그래프가 탄생했다. 역시, 모르는 걸 알았을 때의 그 쾌감은 정말 짜릿했다. 이렇게 보니, 나비 모양 말고도 다른 모양도 다 함수로 표현할 수 있는 거 아닐까?

나비처럼 활짝 펴고 일어서라, 정현아!

"그래, 마음 다 잡고 일어서자!"

작년 연말에 정말 힘들었을 때 교수님들께 상담을 받으면서 나 자신을 돌아봤다. 데이빗 호킨스가 이야기하기를, "상황 속에서 악한 감정을 찾고는 하는데 사실은 본인의 마음에서 나쁜 감정을 찾는다."고 했다. 교수님께서는 "떨어진 것에 대해 감사함을 찾아봐라"라고 말씀하셨는데 나는 상담이 끝난 이후로도 '**감사함이 있을까?**' 싶었다. 감사함... 대체 무엇일까...

"**네가 이 결과에 대해 크게 상처받지 말고 더 좋은 너의 모습을 보여주면 되지 않겠어?**"라는 조언에 사소함의 감사함을 찾기 시작했다. 그렇게 보니까 "초심으로 돌아갈 수 있게 해주셔서 감사하다.", "더 크게 성장하도록 자극을 주셔서 감사하다."라고 나도 모르게 말이 나왔고, 앞으로 살아나감에 있어서 또 하나의 배움을 얻고 간 날이었다. 아마 이런 생각들이 모이고 모여서 지금 이렇게 책을 출간할 수 있는 기회도 온 것이라고 생각한다.

CHAPTER 4 수학 일기

가수 윤도현 씨가 부른 "나는 나비"에는 이런 가사가 있다.

"날개를 활짝 펴고 세상을 자유롭게 날 거야"

이제는 활짝 펴고 세상을 다시 한 번 마주하면서 없었던 기운까지 끌어 모아 비상해보려 한다. 좋지 않은 일이 있더라도 끝까지 도전하면 할 수 있다는 기대를 가지고!

Section 4.5 **그래프로 살펴 본 나의 인생**

특이적분(이상적분)이라고 들어봤니?

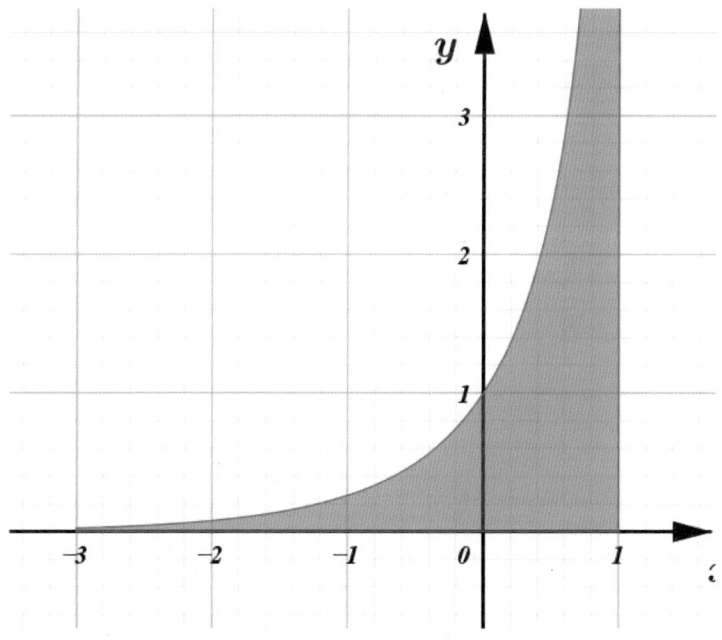

그림 4-9. 어느 한 함수의 그래프

데일리 수학

정의 4.5.1
(특이적분; improper integral)
모든 수 $t \geq a$에 대하여 $\int_a^t f(x)dx$가 존재할 때, (아래 극한이 유한인 수로 존재하면) 다음과 같이 정의한다.
$$\int_a^\infty f(x)dx = \lim_{t \to \infty} \int_a^t f(x)dx$$
또한, 모든 수 $t \leq b$에 대하여 $\int_t^b f(x)dx$가 존재할 때, (아래 극한이 유한인 수로 존재하면) 다음과 같이 정의한다.
$$\int_{-\infty}^b f(x)dx = \lim_{t \to -\infty} \int_t^b f(x)dx$$
(이외의 내용도 있으나, 필자는 여기까지 언급하도록 한다.)
- James Stewart, Calculus, 8th Edition 번역에서 나온 내용

보통의 적분은 상한이나 하한이 고정되어 있으면 정적분, 정해져있지 않고 미분의 역 연산이라고 부르는 부정적분이 있는데 특이적분은 상한 또는 하한이 변할 때 취하는 극한으로 정의되는 부분이라고 이야기한다. 위에 있는 함수는 끝 점에서 국소 유계 함수가 아닌 경우의 특이적분 형태라고 보면 된다.

가장 중요한 개념이라고 한다면 극한이 과연 존재하는 지, 만약 존재한다면 극한을 계산할 수 있는 지를 물어보는 문제인데 웬만해서는 우

리가 알고 있는 선에서 값이 존재하지 않을 수도 있고 적분구간이 양 끝 같이 무한임에도 불구하고 적분 값이 수렴하는 경우(Gaussian Integral)도 있기 때문에 나중에 시간이 된다면 적분에 대해서 Geogebra 프로그램도 이용해봐야겠다.

특이적분으로 말하는 나의 인생 그래프, 그 첫 번째 이야기. 나만의 특이하고 독특한 것을 찾아라!

절대적으로 지수함수 그래프도 아니고, 로그함수 그래프도 아니고, 무리함수 그래프도 아니다. 참고로 얘기해주면 위의 그래프는 지수함수와 무리함수를 결합해 만든 그래프로 위의 수식이 그 주인공이다. 그런데 이 그래프가 왜 내 인생 그래프라고 이야기하는 지 궁금해 하시는 분들이 많을까봐 이야기를 하면, 결론적으로는 "**모른다.**"는 것이다.

지금은 구간을 폐구간 [-3, 1]로 줘서 그렇지, 만약에 구간(-∞, ∞)이라고 한다면 우리는 알 수 없는 넓이의 계산과 더불어 특이적분을 과연 계산할 수 있을까 싶은 의심이 들기도 할 것이다. 물론 대학에서는 배우기 때문에 계산할 수는 있지만 당시에 이걸 배우는 순간에도 "**정말 특이하다**"고 생각했던 그래프였다. 그러고서는 내 인생과 결합하기 시작했다.

데일리 수학

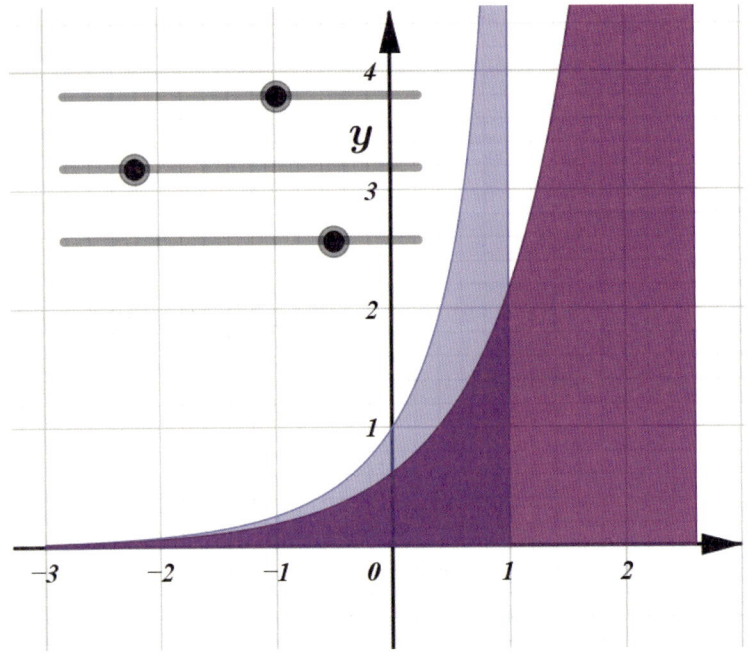

그림 4-10. 두 개의 그래프 비교

대개는 이런다. "나의 경쟁 상대는 나 자신이다." 하지만 경쟁률 수치는 큰 의미를 부여한다. 대학 입시의 경쟁률이라고 한다면 같은 대학, 같은 학과에 같은 전형에 지원한 사람들끼리의 경쟁이다. 더 나아가, 한 기업의 취업에 지원한 많은 사람들도 경쟁이라고 이야기할 수 있다. 그렇지만 똑같은 적분 상태를 유지하면 더 이상 발전할 수 없다는 것을 알려주는 것이 바로 정적분이고, 더 나아가는 무한한 과정을 설명할 수 있는 것이 특이적분이라고 하면 현재의 기준은 갇혀있는 정적분의 단계라면 조금씩 넓혀가 나의 내면을, 그리고 활동 범위를 넓혀가는 것을 특이적분이라고 말할 수 있지 않을까?

CHAPTER 4 수학 일기

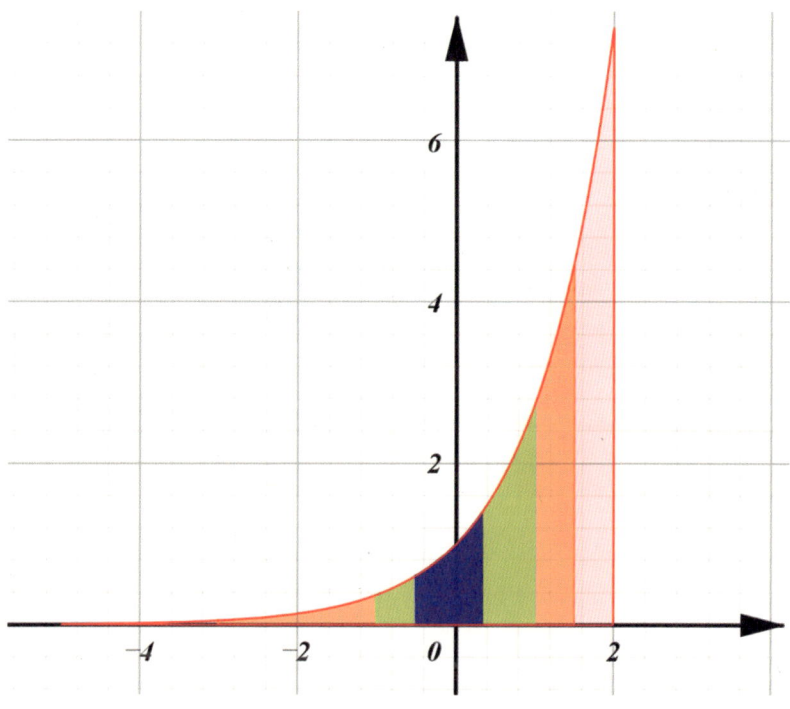

그림 4-11. 지수함수에서 일어나는 정적분과 특이적분

지수함수로 예를 들어도 특이적분이 되겠구나 싶다. 초등학교에서 배우는 내용은 파란색이라고 한다면 중학교 때 배우는 건 초록색, 고등학생은 주황색, 대학생은 빨간색…(사실 색깔을 입혔다면 좋았을텐데, 흑백이라면 점차 범위를 넓혀 나간다고 생각해줬으면…) 그 이후로 필자가 표시를 하지 않은 이유는 범위가 어디까지인 지 모르기 때문이다. 그만큼 범위는 계속해서 넓혀져 우리가 배우는 사회에서는 어디까지가 한계인지를 모르는 것, 이것이 우리가 알고 있는 특이적분과 비슷하지 않을까 싶다.

데일리 수학

Section 4.6 인생은 항등식처럼

정의 4.6.1
(방정식과 항등식; Equation and identity)
미지수가 포함된 식에서, 그 미지수에 어느 특정한 값을 대입했을 때에만 성립하는 등식을 방정식이라고 부른다. 한편, 미지수에 임의의 값을 대입하더라도 등식이 성립한다면 이는 항등식이라고 부른다.

우리가 알고 있는 방정식과 항등식의 형태는 이렇다.

$$(\text{변수를 포함한 다항식}) = 0$$

여기서 방정식의 형태는 우리가 문제를 풀면서 느꼈겠지만 이런 종류들이다.

$$ax+b=0\,(a \neq 0),\ ax^2+bx+c=0\,(a \neq 0),\ \cdots$$

이 때 반드시 해는 하나 이상 존재하게 되며(복소수 범위 내에서, 이차방정식에서 실수 범위 내에서는 존재하지 않을 수 있음), 이 해를 찾기 위해 우리는 부단히 노력한다. 하지만 항등식의 형태는 다르다. 항등

CHAPTER 4 수학 일기

식의 사전적 정의는 "좌변과 우변이 동일해 변수에 식의 값을 넣더라도 항상 성립하는 등식"을 의미한다. 다시 말하면 다음과 같은 일차방정식

$$a_1 x + b_1 = a_2 x + b_2 \left(a_i \neq 0, \ i = 1, \ 2\right)$$

에서 변수 x에 대해 항상 식이 성립하기 위해서는 각 문자의 계수들이 일치하면 된다. 그렇게 되면 우리는 해를 구하지 않아도 이 등식은 성립한다.

나에게 '방정식과 항등식'은 나의 인생에 전환점을 가져왔다. 정의에서 볼 수 있듯, 방정식은 어느 특정한 값만 성립하기 때문에 답이 정해져있다고 한다면 항등식은 특정한 값에

"방정식처럼 살지 말고 항등식처럼 살아봐요."

처음에는 무슨 말이지 싶었다. 방정식과 항등식... 해가 존재하는 경우와 해가 무수히 많은 경우. 대체 어떤 걸 말씀하시고 싶으신 걸까... 의문을 들고 생각해봤다. 그런데 뒤이어 장학사님께서 풀어쓰신 내용은

"조건에 맞춰 해만 구하려 애쓰지 말고, 내가 가는 모든 길이 모두 해이니 그냥 걸어 봐요."

그렇다. 2016년 10월부터 했던 드림 에듀케이터를 짓고 나서는 내가 에듀케이터가 되기 위해서 해를 찾기 위해, 구하기 위해 노력했던 지난 2년이었다. 그러다보니 나라는 자신을 몰랐고, 그 해를 찾기 위해서 노력하다보니까 결과 값을 찾지 못하면 오히려 포기하고 마는 사람이었다.

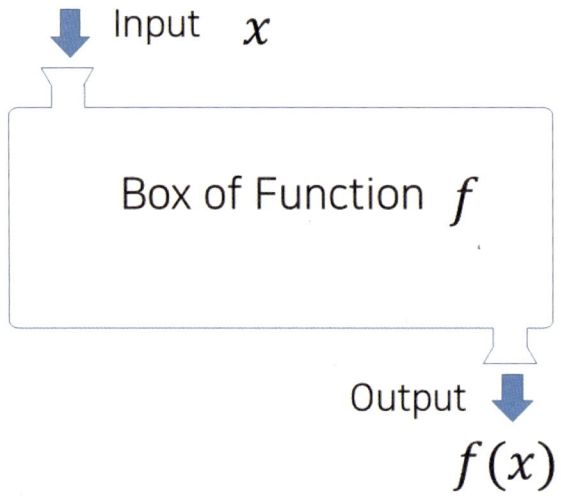

그림 4-12. 함수를 설명할 수 있는 대표 그림 (Powerpoint 로 직접 제작)

항등식은 해에 상관없이 등식이 성립한다. 결국, 내가 가는 길은 모두 해가 된다는 뜻이었다. 수학이라는 공통된 관심사 속에서 장학사님께서 말씀하신 이 내용은 정말 나의 마음을 울렸다.

요즘 따라 사람들에게 위로를 받고 싶은가보다. 아니, 내 주변에 과연 사람들이 있는지 확인도 해보고 싶었나보다. 많이 힘들었고 지쳤던 지

CHAPTER 4 수학 일기

난 두 달, 그래도 나와 함께 하는 사람들이 소수라도 존재한다는 것은 너무 감사했던 하루였다. 아직 마음의 큰 변화가 일어나지는 않았지만 빠른 극복보다는 내 자신을 치유하면서 조금씩 나아지고 완쾌해서 무리하지 않는 모습으로 지내고 싶다.

연구과제

Set 1 : 수학에 대한 궁금증 파악 및 문제 해결하기

(1) 지금까지 배운 수학 중에서 이상하다고 느꼈거나 궁금증을 유발했던 단원 또는 내용이 있습니까? 만약 있었다면 구체적으로 어떤 궁금증을 가지게 되었는지 이야기해봅시다.

(2) 만약 여러분이 학생들에게 수학을 가르쳐야 하는 사람이라면 위 (1)에 대하여 어떻게 설명할 것인지 계획을 설정해보고 설명해봅시다.

Set 2 : 나만의 수학 일기 쓰기

(1) 하나의 정의(여기서 이야기하는 정의는 수학에서 등장하는 용어를 의미)에 대하여 우리 일상에 어떤 의미를 담고 있는지를 찾아봅시다.
(단, '사칙연산을 가지고 일상에서 계산을 이롭게 한다.' 등의 단순한 답을 원하지 않음.)

(2) 위 (1)에 쓴 용어를 활용하여 본인이 경험한 일들, 쓰고 싶은 이야기를 자유롭게 써 봅시다. 이 때, 시를 써도 상관없지만 반드시 (1)에서 쓴 용어는 반드시 등장해야 합니다.

부록

기자단으로 함께한 시간

데일리 수학

□ 2017 교육부 블로그 기자단, 주간 랭킹 1위를 달성한 기사

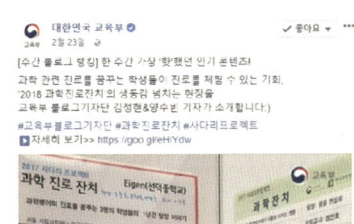

(사진 출처 : 교육부 공식 페이스북 페이지)

※ 위의 두 기사 중에서 '스켈레톤 세계랭킹 1위, 윤성빈 선수 은사 김영태 선생님을 만나다!'의 기사를 반영합니다.

부록 기자단으로 함께한 시간

"스켈레톤 세계랭킹 1위, 윤성빈 선수의 은사 김영태 선생님을 만나다!"

여러분은 지난해 말 아시아 출신 스켈레톤 선수 최초로 월드컵 3연속 금메달이라는 기록으로 대한민국을 놀라게 했던 윤성빈 선수를 알고 계신가요? 평창 동계올림픽 '금빛 기운'이 흐르는 최고 기대주로 손꼽히는 윤성빈 선수! 윤성빈 선수가 모두의 기대를 한 몸에 받는 세계적인 선수가 되기까지는 학생의 재능을 알아보고 진로를 함께 설계해주신 선생님이 있었습니다.

'스켈레톤'을 아시나요?

데일리 수학

　윤성빈 선수의 신기록 수립 소식으로 '스켈레톤'이라는 종목을 처음 접해보는 분들도 많으실 텐데요. 경기를 보면 우리에게 익숙한 '봅슬레이', '루지'와 같은 썰매형 속도 경기 종목이라는 것은 모두 아실 것입니다. 1884년 생모리츠에서 처음으로 경기가 열린 후 스포츠 종목으로 자리 잡게 된 스켈레톤은 1928 제2회 동계올림픽에서 정식종목으로 채택되었다가, 위험성 때문에 정식종목에서 제외되었다고 합니다. 16년 전인 2002년 미국 솔트레이크에서 열린 제19회 대회부터 다시 올림픽 정식종목으로 채택되었습니다.

부록 기자단으로 함께한 시간

그렇다면, 스켈레톤에 대해 좀 더 자세히 살펴볼까요? 스켈레톤은 머리를 앞에 두고 엎드린 자세로 1,200m 이상 경사진 얼음 트랙을 질주하는 경기입니다. 유일하게 썰매 종목 중 남녀 개인종목으로 이루어져 있으며 어깨, 무릎을 이용하여 조종을 합니다. 선수들은 총 4차례 활주를 해 그 시간을 합산해 순위를 결정하게 됩니다. 평균 경사도는 11%에서 13% 정도가 되고, 곡선로의 반지름의 길이는 20m 이상으로 정해져 있습니다.

윤성빈 선수의 은사, 김영태 선생님을 만나다!

"윤성빈은 무(無)에서 유(有)를 창조했다."라고 하는 말이 맞는 것 같습니다. 우리나라는 동계 스포츠 중 대부분 빙상 종목에서 좋은 성적을 거뒀지만, 설상 종목에서는 주목받지 못했습니다. 여러분이 동계올림픽에서 흔히 떠올리는 선수들도 대부분 빙상 종목의 선수들일 것입니다.

설상 종목 불모지나 다름없던 대한민국에서 새로운 역사를 써나가고 있는 윤성빈 선수, 정말 대단하지 않을 수 없는데요. 고등학생 윤성빈의 재능을 직감하고 그의 인생을 바꾼 김영태 선생님을 만나보았습니다.

Q. **자기소개를 부탁드립니다.**

A: 현재 관악고등학교 체육 교사로 있는 김영태입니다. 서울 관악구에 있는 신림고등학교에서 초빙교사로 근무할 당시 윤성빈 선수를 만났고, 2014년도에 관악고등학교로 오게 되었습니다.

부록 기자단으로 함께한 시간

Q. **윤성빈 선수는 스켈레톤 종목인데 선생님께서는 농구 전공이십니다. 어떻게 인연이 되었는지 궁금합니다.**

A. 고등학교 2학년 때 아이가 굉장히 활달하고 운동 능력도 좋았습니다. 정규 수업 이후에 하는 방과 후 수업이 있었는데 그 때 성빈이가 저의 수업을 듣기 위해서 왔습니다. 그 방과 후 수업에서 성빈이를 보니까 체력 요소가 굉장히 남달라서 관심을 많이 가졌고, 그러면서 친하게 지내게 되었습니다. 일반계 고등학교에서 체육대학을 가기 위해서는 체력 훈련 수업이 필요합니다. 당시 제가 그 수업을 신림고등학교에서 하고 있었는데, 시설적인 면이 매우 열악했을 뿐만 아니라 선생님들이 관심조차 없었습니다. 하지만 저는 엘리트 스포츠를 한 입장이었기 때문에, 우리 학생들이 체육 관련 직업군에 대한 꿈을 가질 수 있도록 돕고 싶었습니다. 그래서 당시 고등학교 2학년 학생들 10명 정도를 대상으로 기초 체력 수업 및 전공 실시 수업을 진행했습니다.

Q. **윤성빈 선수의 대학 진학 스토리가 궁금합니다.**

A. 서울 소재의 모든 대학에서는 기초 실기와 전공 실기 두 가지 시험을 봅니다. 거기에 내신과 수능 성적, 그리고 체육 실기 점수로 대학에 진학하게 되는데, 아이들과 함께 방과 후 수업을 통해 이러한 모든 것들을 준비하고 있었습니다. 그 중에서 성빈이가 남들보다 특출한 신체 조건을 가지고 있어서 눈여겨보고 있었는데요. 당시 마침 제가 연세대학교 여인성 교수와 설상 종목 최초 세계 8

위를 달성했던 설상의 대부 강광배 교수와 함께 인연을 맺어 봅슬레이/스켈레톤 연맹을 만들어 운영하고 있었고, 강광배 교수에게 성빈이를 추천했습니다. 누구도 서울시에 설상 협회가 있는 지도 몰랐지만, '성빈이를 한번 밀어 보자. 그래서 대한민국에 새로운 설상(종목)의 꽃을 한번 피워보자'고 했습니다. 성빈이가 지금 서울시 연맹에서 첫 번째 스타이고, 유원종 등도 이 곳 소속입니다.

Q. **예전부터 윤성빈 선수가 스켈레톤에 대한 꿈을 꾸었었는지?**
A. (성빈이가) 스켈레톤 종목은 전혀 몰랐었습니다. 성빈이가 성적보다는 체력 등이 월등히 좋았기 때문에, 성적보다 기초 실기, 전공 실기를 많이 보는 대학을 보내야겠다는 생각을 했습니다.

부록 기자단으로 함께한 시간

Q. 윤성빈 선수를 보니까 2014년 소치 동계올림픽에도 출전한 경험이 있었네요?

A. 소치 올림픽에서 출전했었을 당시에는 16위를 했었던 것으로 기억합니다. 그 이후로 평창 동계올림픽이 유치되고, 어쩌면 정말 행운이라고 생각합니다. 이렇게 잘 맞아 떨어지고 일취월장할 수 있는 것은 그리 쉽지가 않은데 너무 잘 맞아 떨어져서 저는 성빈이에게 '행운의 사나이'라고 부르고 싶습니다.

Q. 스켈레톤 종목에 대해 전혀 몰랐던 윤성빈 선수가 평창 동계올림픽에 출전하기까지의 과정이 궁금합니다.

A. (성빈이가) 소치 올림픽 출전 당시에는 16위를 했었던 것으로 기억합니다. 그 이후로 평창 동계올림픽이 유치된 것이 정말 행운이라고 생각합니다. 운이 잘 맞아 떨어지고 실력이 일취월장하는 것이 그리 쉬운 일은 아닌데, 성빈이는 정말 '행운의 사나이'가 아닌가 생각합니다.

소치 올림픽을 뛰고 와서는 자신감이 붙었다고 합니다. 설상에서 보면 세계무대에서 입상을 해서 메달 순위가 있어야 순위권에 들어가야 올림픽에 참여할 수 있습니다. 유럽권 또는 그랜드슬램에 출전해 등수 안에 들어야 선발이 되고 올림픽에 참여할 수 있는데, 능력과 운이 모두 뛰어났기 때문에 가능한 일이었다고 생각합니다.

데일리 수학

Q. **마지막으로 평창 동계올림픽 경기를 앞둔 선수들에게 응원의 메시지 남겨주세요!**

A. 성빈이 뿐만 아니라 대한민국이라는 국호를 가슴에 담고 경기를 하는 친구들이니까 모두가 건강하게, 좋은 결과가 있기를 바랍니다. 물론 국민 모두가 좋은 결과가 있기를 기대하고 있겠지만 그 결과에 너무 집착하지 말고 잘못됐다 하더라도 결코 실망하지 말고, 젊은 친구들로 항상 새로운 기회는 다가오니까 그 기회를 위해서 노력했으면 좋겠습니다. 그러면 꼭 좋은 결과가 있지 않을까 싶습니다. 지금까지 학생의 능력을 알아보고, 꿈의 길을 설계해준 김영태 선생님과의 인터뷰였습니다. 윤성빈 선수의 스켈레톤 경기는 설날인 16일 오전에 있을 예정이니 많은 관심 부탁드립니다!

부록 기자단으로 함께한 시간

> ※ 이 기사는 교육부 블로그 기자단(현 교육부 국민 서포터즈) 담당 관님께 승인을 받았으며, 해당 인터뷰를 요청한 김영태 선생님께도 승인을 받아 작성했으며 기사 올라온 내용 그대로를 가지고 왔습니다.

□ 대한민국 정책브리핑에 탑재된 기사(문화체육관광부)

여기는 영화 표현의 해방구
제 19회 전주국제영화제 개막식 현장 취재기

'영화 표현의 해방구'

지난 3일 개막한 '제19회 전주국제영화제'의 슬로건이다. 올해로 벌써 19회째. 내년이면 스무살을 맞는다. 오는 12일까지 10일 동안 슬로건처럼 표현의 자유를 만끽한 작품들이 관객들을 찾는다. 이 축제에 대한민국 정책기자단도 함께 했다. 지난 3일, 개막식이 열리는 전주시 영화의 거리 전주돔 현장을 찾아 해방구를 맘껏 느껴봤다.

데일리 수학

전 세계가 주목하는 제19회 전주국제영화제!

해방구라는 말이 실감날 정도로, 개막식이 펼쳐진 전주돔 현장은 다소 쌀쌀한 날씨임에도 불구하고 관람객들의 열기로 가득찼다. 이번 전주국제영화제에는 전 세계 46개국에서 총 246편(장편 202편, 단편 44편)의 영화가 출품돼 최대 규모를 자랑한다.

부록 기자단으로 함께한 시간

개회식에 앞서 감독, 배우들의 레드카펫 행사가 진행됐다. 배우 남규리 씨, 영화감독 구혜선 씨 등 한류를 이끌어나가는 영화배우와 감독, 그리고 세계 각국에서도 이번 행사를 빛내기 위해 많은 관계자들이 참석했다.

배우들, 감독들이 레드카펫을 밟을 때마다 객석에서는 열띤 환호가 이어졌다. 돔 전체가 축제 분위기로 들썩였다.

개회식에서 이충직 전주국제영화제 집행위원장은 '영화 표현의 해방구' 라는 슬로건은 시각의 다양성을 존중하고 분화된 취향을 수용하려는 태도, 도전적인 작품들이 유발하는 논쟁을 통해 영화 문화의 해방구를 만들어나간다는 의미라면서 "신명나는 영화 축제가 되길 바란다."고 전했다.

국제영화부문 심사위원인 방은진 감독은 "7회 때 심사위원으로 온 적이 있다."며 "해방구라는 표현에 걸맞은 영화들이 전주국제영화제를 통해 나왔으면 좋겠다."라고 말했다.

이날 개회식에서는 전북도립국악원 소속 장문희 씨와 래퍼 킬라그램이 국악과 랩의 콜라보레이션 무대를 선보여 관객들로부터 큰 호응을 받기도 했다. 개회식이 끝난 후 이번 전주국제영화제 개막작 '야키니쿠 드래곤'이 상영됐다.

부록 기자단으로 함께한 시간

가슴 따뜻한 이야기를 전해준 영화, '야키니쿠 드래곤(Yakiniku Dragon)'

영화 '야키니쿠 드래곤'은 정의신 감독의 데뷔작으로 1970년 전후 오사카 박람회가 열리던 시대에 간사이 공항 근처 마을에서 곱창구이 집을 꾸려나가는 재일교포 가족과 그 주변 인물들의 이야기다.

스포일이 될까 자세한 영화 얘기를 할 수는 없지만, 필자의 마음에 꽂힌 대사가 있다. "설령 어제가 어떤 날이었어도, 내일은 분명 좋은 날이 올거야."였다. 영화 첫 부분과 마지막 부분에 등장하는 이 대사가 특히 마음에 다가왔다.

재일교포의 삶에 대해 다루고 있는 영화지만, 이 영화를 보는 우리 모두에게 전하는 메시지가 아닐까 싶다. '내일은 분명 좋은 날이 오겠지'라는 믿음이 바로 삶의 원동력이지 않을까.

앞선 개회식에서 주연 배우 김상호 씨는 "이 영화를 보고 행복했으면 좋겠다."라는 답변을 남겼는데, 개막작 '야키니쿠 드래곤'을 보면서 좋은 봄날이 올 거라는 가슴 따뜻한 이야기를 담았다고 느꼈다.

잊을 수 없는 추억을 만들다! 전주국제영화제의 밤

개막작 상영이 끝나고 필자는 전주국제영화제에 함께 했던 정책기자들과 함께 개막작의 여운을 함께하기 위해 전주에 가면 꼭 들러야 한다는 '가게맥주집(가맥집)'에 들렀다.

영화에 대한 감상을 이야기하다보니 시간 가는 줄 몰랐다. 그러던 중 우연히 이번 전주국제영화제에 출품된 '파도치는 땅'의 배우 박정학 씨와 안민영 씨를 만날 수 있었다.

특히 배우 안민영 씨는 필자를 포함해서 청춘을 보내고 있는 청년들에게 인상 깊은 얘기를 들려줬다.

안민영 씨는 "내가 좋아하면 어떤 초자연적인 힘이 발휘될 때가 있을 것이다. 그게 나한테는 연기였다."고 말했다. 이어 "함께 각자의 이야기를 하는 이 자리가 서로에게 좋은 경험과 추억이 되었으면 좋겠다. 앞으로도 어떤 일을 하든 정말 행복한 기억이 될 것이다. 연기하는 사람 입장에서도 젊은 청춘들과 이런 만남을 하고 즐거운 자리를 해본 적이 없다. 올해가 끝날 때, '이번 해엔 전주국제영화제가 너무 좋았다'라고 떠올릴 수 있을 것 같다."고 말해 덩달아 기분이 좋아졌다.

한편 이번 전주국제영화제는 '온라인(모바일) 사전예매' 역대 최고 수치의 매진 회차를 기록했다고 한다. 오는 12일까지 전주 영화의 거리에서 펼쳐지며 국제적인 영화제가 되기 위해 힘차게 도약하고 있다.

부록 기자단으로 함께한 시간

폐막식이 열리는 이번 주말, 토요일, 볼거리, 즐길 거리가 넘치는 전주에서 일상의 해방구를 느껴보는 건 어떨까?

※ 이 기사는 문화체육관광부 담당관님께 승인을 받았으며, 해당 인터뷰를 요청한 안민영 배우님께도 승인을 받아 작성했으며 기사 올라온 내용 그대로를 가지고 왔습니다. 단, 사진 촬영에 대해서는 기사가 탑재된 사진의 원본이 아니며 저작권에 문제가 있을 수 있는 내용은 과감히 삭제했습니다.